建筑电气设备知识及招标要素系列丛书

应急柴油发电机组知识及招标要素

中国建筑设计院有限公司　主编

中国建筑工业出版社

图书在版编目（CIP）数据

应急柴油发电机组知识及招标要素/中国建筑设计院
有限公司主编.—北京：中国建筑工业出版社，2016.9
（建筑电气设备知识及招标要素系列丛书）
ISBN 978-7-112-19610-4

Ⅰ.①应…　Ⅱ.①中…　Ⅲ.①柴油-内燃发电机-基
本知识②柴油-内燃发电机-电力工业-工业企业-招标-
中国　Ⅳ.①TM314②F426.61

中国版本图书馆 CIP 数据核字（2016）第 169598 号

责任编辑：张文胜　田启铭　李玲洁
责任设计：王国羽
责任校对：王宇枢　党　蕾

建筑电气设备知识及招标要素系列丛书
应急柴油发电机组知识及招标要素
中国建筑设计院有限公司　主编

*

中国建筑工业出版社出版、发行（北京西郊百万庄）
各地新华书店、建筑书店经销
唐山龙达图文制作有限公司制版
环球东方（北京）印务有限公司印刷

*

开本：787×960 毫米　1/16　印张：7½　字数：112 千字
2016 年 11 月第一版　2016 年 11 月第一次印刷
定价：**25.00** 元
ISBN 978-7-112-19610-4
（29123）

编写委员会

主　　编：陈　琪（主审）

副 主 编：曹　磊（执笔）　王　健（指导）

编著人员（按姓氏笔画排序）：

　　　　　王　旭　王　青　王　健　王玉卿　王苏阳

　　　　　尹　啸　祁　桐　李　喆　李沛岩　李建波

　　　　　李俊民　张　青　张　雅　张雅维　沈　晋

　　　　　陈　琪　陈　游　陈双燕　胡　桃　贺　琳

　　　　　曹　磊

参编企业：

　　　　上海康诚发电设备有限公司　　　李乃广

　　　　天津博威动力设备有限公司　　　孟嘉陵

　　　　北京银鹏动力发电设备有限公司　翁　颖

编　制　说　明

　　《建筑电气设备知识及招标要素系列丛书》是为了提高工程建设过程中，电气建造质量所做的尝试。

　　在工程建设过程中，电气部分涉及面很广，系统也越来越多，稍有不慎，将造成极大的安全隐患。

　　这套系列丛书以招标文件为引导，普及了大量电气设备制造过程中的实用基础知识，不仅为建设、设计、施工、咨询、监理等人员提供了实际工作中常见的技术设计要点，还为他们了解、采购性价比高的产品提供支持帮助。

　　本册为应急柴油发电机组知识及招标要素，第 1 篇给出了应急柴油发电机组招标文件的技术部分；第 2 篇叙述了应急柴油发电机组制造方面的基础知识；为了使读者更好地掌握应急柴油发电机组的技术特点，第 3 篇摘录了部分应急柴油发电机组的产品制造标准；为了帮助建设、设计、施工、咨询、监理等技术人员对项目有一个大致估算，第 4 篇提供了部分产品介绍及市场报价。

　　在此，特别感谢上海康诚发电设备有限公司（简称"厂家 1"）、天津博威动力设备有限公司（简称"厂家 2"）、北京银鹏动力发电设备有限公司（简称"厂家 3"）提供的技术支持。

　　注意书中下划线内容，应根据工程项目特点修改。

　　总之，尝试就会有缺陷、错误，希望建设、设计、施工、咨询、监理单位，在参考《建筑电气设备知识及招标要素系列丛书》时，如有意见或建议，请寄送到中国建筑设计院有限公司（地址：北京市车公庄大街 19 号，邮政编码 100044）。

中国建筑设计院有限公司

2015 年 12 月

目　录

第1篇　柴油发电机组技术规格书

第1章　总　　则

1.1　投标厂家必须持有国家有关行业管理部门颁发的柴油发电机组生产资质证明（产品型号证书等）（柴油发电机组厂家不强制要求有生产许可证明）。

1.2　投标厂家必须持有本系统的 ISO9000 系列认证证书（附复印件）。

1.3　生产企业必须提供有效的产品型式试验报告（第三方单位检测报告）。

1.4　生产厂家应是产品质量好、售后服务好、重合同和守信誉的企业，并连续 3 年无实质性投诉。

1.5　生产厂家应至少提供 3 项近 3 年的同类项目的业绩。

1.6　投标厂家需满足设计提出的要求。

第2章　招标内容

柴油发电机组的制造、运输和现场安装调试指导以及与之相关的技术服务和专用工具、技术资料，以及两年备品备件清单、价格。两年备品备件的定义是为保证设备质量保修期满后两年内所应准备随时可以更换的、足够数量的备品备件。质量保修期内发生的更换按照合同条款执行。

第3章　使用环境

3.1　在设计、制造、装配、检验和调试本技术规格说明书内所陈述的仪器和设备时，必须考虑下列有关当地的气候情况：

3.1.1　温度

夏季：极端温度（干球）_____℃（"极端"指记录所得的最高温度）；

最热月份的平均温度（干球）_____℃；

夏季通风温度（干球）_____℃；

冬季：极端温度（干球）_____℃（"极端"指记录所得的最低温度）。

3.1.2 地震

基本烈度（中国标准）_____级。

3.1.3 相对湿度

最热月份平均值_____%；

最冷月份平均值_____%。

3.2 设备规格及设计所需符合的环境条件

3.2.1 除本技术规格说明书特别注明外，所有设备（包括电气设备和机械配件）都应能于下列的环境条件下进行测试工作及正常操作。

夏季：____40℃（干球温度）____；

冬季：____-5℃（干球温度）____；

相对湿度：____95%（25℃）____；

地震烈度：____中国标准8级____。

3.2.2 按本技术规格说明书要求，部分设备（发动机、辅助加热设备等）需在更恶劣的环境条件下正常运作，而所有设备有可能需要在较高温度和湿度的恶劣环境条件下作短暂性的操作。

3.2.3 按当地环保条例的要求，所有设备必须为低噪声［本机噪声95～120dB(A)］和高效率（满负荷时≥90%）型。

3.3 抗震保护承包单位须注意，项目所坐落的地段为____地震区域____，而地震烈度被列为____中国标准的八级____。故承包单位应根据有关要求及标准对其负责的设备装置作出适当的抗震保护。

第4章 遵循的规范、标准

4.1 柴油发电机组应符合以下标准和规范的要求：

1.《往复式内燃交流发电机组》ISO 8528；

2.《往复式内燃机性能》ISO 3046；

3.《往复式内燃机驱动的交流发电机组　第 6 部分：试验方法》GB/T 2820.6—2009；

4.《旋转电机 定额和性能》GB 755—2008；

5.《工频柴油发电机组 额定功率、电压及转速》JB/T 8186—1999；

6.《工频柴油发电机组技术条件》JB/T 10303—2001。

4.2　承包单位除了必须遵照本技术说明书的要求以外，同时还必须符合有关国家法律、法规、规范和条例的要求。这些包括（但不局限于）下列法规：

1.《中华人民共和国建筑法》；

2.《中华人民共和国消防法》；

3.《中华人民共和国劳动法》；

4.《中华人民共和国水污染防治法》；

5.《中华人民共和国合同法》；

6.《中华人民共和国电力法》；

7. 其他相关法律。

4.3　上述标准均应是最新且已实施的版本。

4.4　除执行以上标准外，投标人提供之投标货物还应满足施工图设计图纸要求。

第 5 章　主要技术要求

5.1　总则

1. 承包单位需供应及安装柴油发电及其附属设备须包括，但并不限于下列各项：

（1）　整套风冷柴油机/发电机组，包括散热器、冷却风机（扇）、镀锌铁皮风管、减振器、底脚螺栓等 ；

（2）　包括所有附属和控制设备的控制屏以提供完整的操作系统 ；

(3) __直流电启动系统__ ；

(4) __发电机控制屏到冷却风机（扇）控制屏、供电电缆及相应控制电缆__ ；

(5) __全套燃料输送系统，包括日用油箱、输送管滤污阀、阀门和需用的供油泵__ ；

(6) __发电机房的降噪__ ；

(7) __机房内的保护接地__ ；

(8) __机房内低压配电柜及由发电机控制屏至配电柜的电缆、桥架等__ ；

(9) __完整的排气系统及相应保温，包括所有的消声器、悬挂装置和热绝缘__ 。

2. 为发电机组配备手动和全自动激活设施并能于主电源故障或偏差超过可接受之限度时于__15__s 内完成从启动、输出正常电压到自动接入额定负载运行。

3. 发电设备须适合于冷态启动，并有足够的容量以满足根据图上所列负荷表于最严重条件下的负荷要求。发电机容量的详情以设计图纸为准，发电设备容量须考虑，但不限于下列各项：

(1) __降低额定输出因子（由于海拔高度，环境温度，功率因数等影响）__ ；

(2) __冲击负荷__ ；

(3) __瞬变电压下降__ ；

(4) __暂时过负荷__ ；

(5) __再生功率__ ；

(6) __整流负荷__ ；

(7) __各相负荷不平衡__ ；

(8) __由于电压调整系统间相互影响而引起之不稳定（例如发电设备的自动电压调整系统与不间断供电设备）__ ；

(9) __12__ h 连续满载运行后，超过铭牌连续额定容量__10__％，再连续运行__1__ h 的过负荷能力。

除上述各因素外，发电设备之连续额定容量须不小于设计图中的要求。

5.2　柴油发电机组

5.2.1　总则

1. 招标范围内发电机组的基本数据（见表1-1）。

基本数据　　　　　　　　　　　　　　　　　　　表1-1

技术指标	基本数据
用户要求的设备功率(kW)	20～2600
功率因数	0.8
额定电压(V)	AC 230/400V
额定频率(Hz)	50
相数	3
系统的接地类型	TN/TT/IT
电负载的连接方式	电阻类/电动机类/UPS类等
可燃油类型	柴油
运行方式	连续运行/限时运行/应急发电机组/负荷高峰备用发电机组
单机运行和并列运行	单机运行/并列运行

2. 柴油发电机组选用的功率定额种类。部分厂家的设备标定的功率定额种类见表1-2。

部分厂家设备标定的功率定额种类　　　　　　　表1-2

功率定额种类 ＼ 厂家名称	厂家1	厂家2	厂家3
持续功率	75％	75％	75％
基本功率	100％	100％	100％
限时运行功率	110％	110％	110％
应急备用功率	110％	110％	110％

3. 柴油发电机组　固定　安装于　室内　，须由发电机和直联并装于共同底座上的柴油机组成。安装特点见表1-3。

安装特点   表 1-3

安置形式	固定式/可运载式/移动式
机组构型	底架式/罩壳式/挂车式
安装形式	刚性安装/弹性安装
天气影响	室内/室外/露天

4. 设备的运行环境条件见表 1-4。

设备运行环境条件   表 1-4

环境温度(℃)	最高:40,最低:—5
海拔高度(m)	≤1000m,超出按比例折损
沙尘	有/无
冲击和振动	冲击≤1.8 倍,横向振动≤4mm,纵向振动≤4mm,轴向振动≤0.2mm
化学污染	有/无
冷却水/液情况	—25℃,防锈防腐防冻

5. 除手动操作控制件外,所有外露的动作部件须完全封闭或设有防护装置,以免人员意外接触。防护装置应可拆卸。

6. 发电机组、底座及其辅助设备的所有黑色金属,一律用防锈漆作底漆,面层涂以制造厂商的标准色漆,可接触高温的部件可无油漆。发热的表面须涂以耐 650℃ 高温而不变质的抗高温油漆。

7. 柴油发电机组应设有中文显示的控制屏,LCD 液晶显示,能将检测的参数通过符号、数据等方式显示以满足各种需要。

机组具备 自动、手动、测试、关机(急停) 等状态控制。

机组具有操作简便、功能齐全、保护可靠等优点,确保正确的启动和停止发电机组,防止误操作和误动作。

8. 柴油发电机组应能精确检测发动机各种运行参数: 如发动机机油压力、柴油压力、冷却液温度、转速、电瓶电压、机组累计运行时间、发动机冷却运行时限、故障报警、发电电压、电流、频率、无功功率、有功功率、功率因数、千瓦小时、千伏安小时等内容。为了便于操作直观,同时应具备发电电压、频率模拟指针表 。

9. 柴油发电机组应具备发动机故障保护(停机或报警)功能, 如:

高水温、低润滑油压、高（低）电瓶电压、启动失败、超速、发电电压过高（过低）、频率过高（过低）、过电流（长延时）、短路（瞬时）　等。

10. 柴油发电机组应装备有效的减振装置，使其在运行时，对机组和发电机房的振动距离机组 1m 处小于 105dB，不影响周边设施，运行噪声符合规范要求。

11. 发电机组配置启动蓄电池及电池充电器。

12. 发电机组输出屏配备一台开关容量与发电机额定功率匹配的塑壳或框架式断路器。其应具有　短路瞬时、过电流短延时、过电流长延时　等可调定值整定功能。

13. 机组首次大修期时间应大于　20000　h，平均故障间隔不低于　2000　h。本书部分厂家的机组首次维修时间均为 3000h，平均故障间隔不低于 2000h。

14. 具备　RS 232、RS 485　通信接口，提供标准　Modbus　通信协议及上位机监控软件。

15. 机组结构：　发电机机壳与发动机飞轮壳通过法兰刚性连接，发电机单轴承转子通过柔性驱动盘直接用螺栓固定在发动机飞轮上，公共底座钢制坚固且设有吊装孔　。

5.2.2　发动机

1. 发动机须适于使用符合以下条件：　国标轻柴油作燃料　，　水冷　、　四冲程　、　直接喷射　、　自然或压力送气　。部分厂家的发动机指标见表 1-5。

部分厂家的发动机指标　　　　　　　　　　表 1-5

技术指标＼厂家名称	厂家1	厂家2	厂家3
燃油条件	0号柴油,温度较低的地方需要调整	0号柴油,温度较低的地方需要调整	0号柴油,温度较低的地方需要调整
发动机的冷却方式	空—空水冷,闭式循环	空—空水冷,闭式循环	空—空水冷,闭式循环
发动机型式	内燃	内燃	内燃
发动机冷却水温度	发动机冷却水温度高于 95℃ 报警,高于 98℃ 停机	发动机冷却水温度高于 95℃ 报警,高于 98℃ 停机	发动机冷却水温度高于 95℃ 报警,高于 98℃ 停机

2. 发动机的额定容量须符合国家标准连续运行的要求并与发电机持续运转的额定容量相配合，其超载能力，将在招标文件中加以规定。

3. 发动机之曲轴速度不能超过 __1750__ r/min。其正常旋转方向须为逆时针旋转。本书部分厂家的发动机额定转速均为 1500r/min。

4. 须装设机械的超速跳闸机构，当超速 __15%__ 时切断燃料供应。

5. 启动系统：12V 或 __24V__ 直流电启动（配置蓄电池）。

6. 过滤系统包含： __干式空气过滤器、燃油过滤器、机油过滤器__ 。空气过滤器上装有 __阻力指示器__ ，以指导保养及更换；燃油系统加装 __有油水分离器（非必须）__ 。

7. 排烟系统：自然进气， __涡轮增压器，并配置排烟弯管，波纹伸缩排烟管，并配置工业用消声器__ 。

8. 为增强低温启动性能，应配置高品质（优质不锈钢加工而成）发动机水套加热器，须保持发动机水套中的水温达 20℃ 左右，或按制造厂商建议，以保证当需要时易于启动（见表 1-6）。加热器须由恒温器控制，当发动机投入运转后即应被切断。

部分厂家的发动机启动能力及措施　　　　　表 1-6

技术指标　　　　厂家名称	厂家 1	厂家 2	厂家 3
发动机启动能力	具备 6 次启动	具备 3 次启动	具备 3 次启动
启动系统	启动电机、电池	启动电机、电池	启动电机、电池
须保持发动机水套中的水温（℃）	25	25	25

9. 调速系统：机械调速，或 __电子调速，或高压共轨__ 。部分厂家的发动机调速器类型见表 1-7。

部分厂家的发动机调速器类型　　　　　表 1-7

技术指标　　　　厂家名称	厂家 1	厂家 2	厂家 3
调速类型	高压共轨	电子调速	机械调速或者电子调速

10. __全数字化电子监控管理__ 系统技术，保证发动机控制精度高，瞬态特性好。

11. 电子监控管理系统要求　<u>采用计算机控制</u>　系统。可以实现在启动、负载突变状态下迅速响应，恢复时间短，过冲小，振荡时间短的特性。

12. 排放符合　<u>地市环保排放标准或相当欧洲Ⅱ号排放标准</u>　。部分厂家的机组排放标准见表1-8。

部分厂家的机组排放标准　　　　　　　　表 1-8

技术指标　　　厂家名称	厂家 1	厂家 2	厂家 3
废气排放标准	欧Ⅲ 或欧Ⅱ	国Ⅲ 或欧Ⅱ	国Ⅱ 或国Ⅲ

5.2.3　发电机

1. 发电机的设计和制造须按国家标准规定进行。

2. 发电机的电气性能指标：

稳态电压调整率：　<u>±2.5%</u>　；

稳态频率调整率：　<u>≤2%</u>　；

电压波动率及恢复时间：　<u>＜0.5%，≤1s</u>　；

频率波动率：　<u>＜0.5%</u>　；

瞬态电压调整率及电压恢复稳定时间：　<u>－15%～＋20%　4s</u>　；

瞬态频率调整率及电压恢复稳定时间：　<u>－7%～＋10%　3s</u>　；

波形失真、线电压波形畸变率：　<u>≤5%</u>　；

电压调整范围：　<u>±5%</u>　。

3. 发电机为　<u>无电刷型</u>　，其旋转磁场由交流励磁机和旋转整流装置励磁，并由表1-9的固态　<u>自动电压调节器</u>　控制励磁。

部分厂家的机组励磁及电压调节的类型和形式　　　表 1-9

技术指标　　　厂家名称	厂家 1	厂家 2	厂家 3
励磁及电压调节的类型	无刷自励,永磁励磁,AVR 调压	无刷自励,永磁励磁,AVR 调压	有刷、无刷自励,永磁励磁,AVR 调压
励磁及电压调节的型式	自动	自动	自动或手动

4. 发电机的额定值须适用于当地气候条件。

5. 转子和定子具有不少于　<u>F</u>　级绝缘。发电机须为防滴式，符合国家标准规定的__IP22__防护等级。部分厂家的机组绝缘、防护等级如表1-10所示。

部分厂家的机组绝缘、防护等级   表 1-10

技术指标 ＼ 厂家名称	厂家 1	厂家 2	厂家 3
绝缘等级	H	H	F
防护等级	IP23	IP23	IP22

注：绝缘等级和防护等级应依据具体项目的要求和使用环境确定。

6. 发电机的特性必须与发动机的转矩特性相适应，以使发电机在满载时，能充分利用发动机功率而不致超载。

7. 发电机应能承受高于同步值__20__％的超速运转。部分厂家的机组超速能力见表1-11。

部分厂家的机组超速能力   表 1-11

技术指标 ＼ 厂家名称	厂家 1	厂家 2	厂家 3
超速能力	<15％	<15％	<15％

注：发电机承受超速运转能力考虑其与电动机相连，故实际指标略低于标准值。

8. 发电机在一定的三相对称负载上，其中任何一相再加__20％__额定相功率的电阻性负载，且任一相的负载电流不超过额定值时，应能正常工作__1h__，线电压的最大、最小值与三相线电压平均值之差不超过三相线电压平均值的__10％__。

发电机须能承担某一相电流大于其他两相达__60__％的不平衡负荷。部分厂家的机组不对称负载、电流指标如表1-12所示。

部分厂家的机组不对称负载、电流指标   表 1-12

技术指标 ＼ 厂家名称	厂家 1	厂家 2	厂家 3
不对称负载	20％	20％	20％
不对称电流	20％	20％	20％

9. 发电机须内装__由恒温器控制的__加热器。由控制屏上的__手动隔

离开关控制。当发电机运行时须将加热器切断。

10. 发电机须能承受在其输出端短路达 3 s 的短路电流而不致损坏，部分厂家的机组短路承受能力均为 10s。

11. 发电机在发电机房运作时，供货商需负责使发电机房周边处测量的噪声量低至符合当地环保部门的要求，见表 1-13。

城市区域环境噪声标准（dBA）　　　　　表 1-13

类别	使用区域	昼间	夜间
0	疗养、高级别墅、高级宾馆区	50	40
1	以居住、文教机关为主的区域	55	45
2	居住、商业、工业混合区	60	50
3	工业区	65	55
4	城市中的道路交通干线两侧区域	70	55

5.2.4 联轴器及避振装置

1. 柴油发动机须与单轴承型发电机直接轴接；与双轴承发电机连接时，必须通过高弹联轴器连接；1500kW 以上的低压及中压柴油发电机组必须通过高弹联轴器连接。

2. 弹簧型避振器须装于底板下，使整个装置坐落在混凝土楼板上而不致将振动传至邻近的设备或建筑物任何部分上。部分厂家的机组发动机与发电机连接形式和减振措施见表 1-14。

部分厂家的机组发动机与发电机连接形式和减振措施　　表 1-14

技术指标 ＼ 厂家名称	厂家 1	厂家 2	厂家 3
发动机与发电机连接形式	低压发电机组刚性连接，高压发电机组弹性连接	低压发电机组刚性连接，高压发电机组弹性连接	低压发电机组刚性连接，高压发电机组弹性连接
减震措施	弹性减振垫	弹性减振垫	弹性减振垫

5.2.5 散热器

下文是风冷机组和水冷机组技术规格书的相关要求，用户应根据项目的实际情况，选择符合要求的相应机组形式之一。

1. 风冷机组

（1）发动机须由　　配套的散热器进行风冷　　。

（2）须将散热器分装在专为之设计和经批准的支架上。

（3）散热器须装设通风管道的法兰盘接头，使通风管道能附在散热器上。在散热器和金属百叶窗之间须装设一节带挠性连接器的风管。管道须由　　镀锌薄钢板　　制作。所有管道须具有密封的接头。

（4）风扇须有足够的容量并考虑到气流经过管道和百叶窗的附加阻力。

2. 水冷机组

（1）发动机须由　　配套的散热器进行水冷　　，包括皮带传动风扇、冷却剂泵、恒温器控制的液冷排气管、中间冷却器、耐腐蚀并适用于当地条件的冷却剂过滤器。

（2）须将散热器分装在专为之设计和经批准的支架上。

（3）散热器须装置通风管道的法兰盘接头使通风管道能附在散热器上。在散热器和金属百叶窗之间须装设一节带挠性连接器的风管。管道须由　　镀锌薄钢板　　制作。所有管道须具有密封的接头。

（4）风扇须有足够的容量并考虑到气流经过管道和百叶窗的附加阻力。

（5）冷却系统中须加防腐蚀剂。

（6）冷却系统须配备冷却剂加热器，使冷却剂的温度保持在　　20℃　　以上，以保证在需要时能易于启动。冷却系统中也须加入防冻剂。

5.2.6 排气管消声器和烟道

（1）排烟系统由　　消声器、膨胀波纹管、吊杆、管道、管夹、联接法兰、抗热接头等　　部件组成。

（2）在排烟系统中的连接须使用　　带抗热接头尺　　的联接法兰。

（3）在消声器后须连接碳钢或不锈钢膨胀节，波纹管将烟气垂直向上排至图标之位置。排烟管须由符合国标的　　黑色钢管、碳管或不锈钢管　　制作，或符合国家规范要求并由专业厂家生产的不锈钢焊接烟管。

（4）排烟管之弯头具有须等于　　3倍　　管径的最小弯曲半径，以满足柴油发电机组的背压要求为准。

（5）自排气口至排气管末端的整个系统，除不锈钢的膨胀波纹管外，

均须涂以　__抗热油漆__　。

（6）整个排烟系统须于　__镀锌金属网__　上，裹以符合国家标准的非燃性绝缘材料的保温层，金属网孔径及保温层厚度亦需满足国家标准要求，排烟管加保温层后外表温度应不大于　__70℃__　。

（7）全部排烟管道和消声器的表面须裹以厚度不小于　__0.8mm 的铝金属或不锈钢包层__　。

（8）整个系统须由弹簧吊杆悬挂。悬挂吊杆的设计须经批准。

（9）排气出口处所排出的废气烟色最高容许度不应高于林格曼黑度一度（Ringe lmann Shade NO. 1）、烟尘排放浓度不得高于 $80mg/m^3$，并须符合当地环保部门的规定。

（10）柴油发电机排放的二氧化硫、氮氧化物、一氧化碳、烃等污染气体需满足 GB 20426—2006 的要求，达到欧Ⅱ以上排放标准。详见表 1-15。

部分厂家的机组排放物浓度　　　　表 1-15

技术指标 ＼ 厂家名称	厂家 1 欧Ⅱ	厂家 2 欧Ⅲ	厂家 3 欧Ⅱ
NO_x	6.0	6.0	6.0
CO	3.16	2.3	3.5
SO_2	—	—	—
HC	1.13	0.5	1.0

5.2.7　燃料系统

1. 须标装设一套完整的燃料储存和分配系统。

2. 主储油罐

（1）主储油罐容量不少于　__8__　h 全负载运行所需燃油量。

（2）储油罐须采用厚度不小于　__6～8mm__　的钢板制成，并须提供足够和稳固的支撑以预防有关设备在安装或使用时变形。

（3）储油罐须提供人孔。所有接缝须经　__焊接__　处理。油位测量管的正下方须设有适当大小的金属圆盘以防止油缸底部受到油位测量杆撞击而受损，而有关的金属圆盘须由厚度不小于　__6～8mm__　的钢板制成。

（4）储油罐入油处须设有　__一容量显示计及油位超高的警示器__　。所有测量计、指示器及配线必须为当地消防局批准的设备和物料。

（5）油位测量管须距油罐底部小于__40mm__，而吸油管须接至距离油罐底部__75mm__处。

（6）所有燃油系统的配线须采用__矿物绝缘类耐火电缆__，而各接电配件均须为防爆设备。

（7）储油罐须提供妥善的接地以消除所产生的静电。

（8）储油罐四周均以__不含盐分的幼沙__所覆盖，而储油罐须坡向排油口方向安装。

3. 日用油箱

（1）须配置__1m³__油箱。油箱中须装置低油位开关并设置__20__％和__50__％两阶段油位的预告信号。

（2）油箱须按国家标准的要求制造，使用__4～6mm厚优质钢板__制作，端部作盘形和凸缘形，全部采用__电焊__。

（3）油箱须配备__面盖板、油位表、充油管密封帽、防火器、通风帽、滴盘、排渣管、油位开关、溢流管，入油口，存油量计__等。存油量计必须为圆盘形具有相当的尺寸清楚地标以存油量，如__空位、1/4、1/2、3/4及满位__。油量计之校验须于现场示范。

（4）在出油路上须装置不超过__120网孔__的网形过滤器。

（5）如油箱的静压不足以供所选用的发动机，须提供辅助的电动输油泵（非必须）及其附属管道及相关电源，以便把油从主油箱输送到发动机。油泵的全部电气装置，包括开关设备、电动机启动器、电缆终端均须为防爆型。

（6）在油箱和发动机供油管上须装设用拉线以手动操作的"关闭"阀，供事故时在机房外关机。

（7）供油及回油管路必须距温度超过200℃的表面__50mm__。如供给软油管，则所选材料必须耐__250℃__的高温。

（8）在油箱上须装设一台半周旋转的手摇输油泵并带一根足够长度的入油软管、阀门、三通和旋塞。

5.2.8　直流启动系统

1. 发电机组须配备一台发动机启动电动机，由12V或__24V__直流运转，能手动或自动启动，并附切断开关。

2. 发动机启动控制设备须能将供电的电池充电器切断，以避免启动时过载。

3. 启动电动机须具有足够的功率，且系非滞留型。在启动电动机充分通电运转前，其小齿轮轴向运动与发动机飞轮上的齿轮啮合。当发动机启动或电动机不通电时，小齿轮须被解脱。

4. 启动设备须配备可自动断开启动电动机的启动失败装置。当发动机在预定时间，如___15___s内不能启动时，可自动断开，以避免电池组不适当的放电。

5. 如在___15___s内启动失败，须失败后5s再启动，可总共连续___3___次启动发动机，而不会达到按制造厂商规定损坏电池的程度。此后，由启动失败装置把启动电动机断开并发出光和音响信号。在手动使启动失败装置复位前，自动启动系统不应再次使发动机启动。

5.2.9 启动电池和充电器

1. 须配备一套具有足够的安培—小时容量和放电率的电池，直流发动机启动用12V或24V免维护铅酸电池组，安装在邻近发动机底座处或专用电池架或柜内。电池组须符合国家标准规定，电池须放置在经批准的耐腐蚀架或柜内。

2. 电池充电器必须是恒电压型，附带直流电压和电流计、冲击波抑制器、控制器、浮充和快速再充电选择器、电池放电指示、过量充电保护和指示、充电器故障警报信号装置。所有控制器和感应器须接至装在机组上的屏内。

5.2.10 发动机加热器

1. 所配置的水套加热装置须保持发动机水套中的水温达___20℃___左右，或按制造厂商建议，以保证当需要时易于启动。

2. 加热器须由恒温器采用手动/自动控制。平时为自动控制，检修时为手动控制。每当发电机投入运转后即应被断接。

5.2.11 其他

1. 燃油喷射系统须配有一次和二次油过滤器，其组件应可更换；一台由发动机驱动的正位移油泵，上述装置均安装在发动机上。

2. 润滑系统、封闭式压力供给润滑系统须配有___正位移机械润滑油泵、润滑油冷却器，过滤器和油位指示器 。

3. 空气过滤器能替换的干式空气过滤器须包括 自动报警装置，当过滤器堵塞时，能自动报警 。

5.2.12 发电机组的控制和保护及其附属设备

1. 控制和调节装置的放置位置

（1）所有供操作用的控制器须集中装在随时可供使用、伸手可及的合理位置。

（2）调节用的装置必须分开放置，以防止未经许可，擅自调正。

2. 发动机状态指示

发动机须具备以下最低限度的状态指示 ：

（1）油压；

（2）水温；

（3）发动机温度（风冷机）；

（4）运行时数；

（5）转速表；

（6）电池充电器电流表。

3. 发动机保护

（1）发动机须配备 最低限度的保护和控制装置 ，以便发生下列情况时尽早发出警告信号和/或停机：

1）润滑油压过低；

2）发动机冷却剂温度过高；

3）发动机超速。

（2） 上述发动机保护须分为两阶段 ：在初阶段发出光和音响警告信号；当发动机处于预定的危险阶段时必须停机。

（3）所有光和音响的警告信号和解除信号开关必须接至控制屏上。

（4）发电机组必须配有钥匙操作的保护装置越位开关。当此开关合上后不管发电机组发生任何故障，都必须持续运转，直至发动机不能再运转为止。此钥匙必须由业主指定工程师保管。

4. 发动机速度控制和速度调节

（1）速度控制

1）须配备电子速度传感速控器；

2）速控器须传感发动机的实际转速；

3）速度控制须满足国标规定。

（2）速度调节

1）速度须预先调整好，以保证在满载时的额定频率；

2）在各种负载情况下，须有手动调节速度的装置可在±5％的范围内进行调速。

5.　电压调整和调节

（1）电压调整

配备一套自动电压调整系统，以使发电机的端电压由空载到满载稳定状态下保持于　＋2.5％　额定值以内

（2）发电机电压调整系统的工作性能须满足相关标准规范的规定。

电压调节提供一套输出电压调节装置，以便于将输出电压调节至设计参数范围内之任何水平上。

5.2.13　控制屏

1. 发电机组控制屏应为直立式装设在图标位置。

2. 控制屏　为微电脑控制，带液晶数字显示屏，控制屏应由能承受机械、电气、振动、电和热应力及在正常运行情况下可能遭受的湿度影响。且须具有防电磁波干扰、具有故障储存、实时报警和系统自诊断功能　。

3. 配有保护装置，以避免控制电路短路所引起的后果。

4. 当有电气装置装在面板或门上时，须采取措施（如以一条适当截面的接地线）以保证接地保护电路的连续性。

5. 为面板或门上的电气装置和测量仪表布线时，必须做到当面板或门移动时不会引起机械性损伤。

6. 不需每天使用的调节装置应布置在控制屏内，以达到安全运行。

7.　控制屏须包括，但不局限于以下项目　：

（1）按图规定，装设三级或四极 ACB/MCCB，带有可调节的发电机过电流装置、接地保护和逆功率继电器（并联机组）、控制和指示器。ACB/MCCB 之额定电流和断路容量须与发电机容量相配合。

（2）仪表：

电度表；

频率表；

功率因数表；

运行小时计；

带有相选择开关的交流电压表，用以监视发电机之输出电压；

带有相选择开关的交流电流表和电流互感器，用以监视发电机的输出电流；·

直流电压表，用以监视电池电压；

直流电流表，用以监视充电电流；

不可复归的计数器，以记录启动次数；

不可复归的计数器，以记录启动失败次数。

(3) 按钮：

发动机启动按钮；

发动机停止按钮；

系统复位按钮；

用以仿真主电源故障的按钮；

紧急停机按钮。

(4) 带红色指示灯及音响警报信号：

ACB/MCCB 事故跳闸；

发动机过摇晃锁定（非必须）；

发动机超速停机（两阶段）；

发动机起动失败；

低油位（两阶段）；

润滑油压力偏低（两阶段）；

润滑油压力偏高（两阶段）；

电池系统故障。

(5) 带指示灯但不带音响警报信号：

1) 红灯：

ACB/MCCB 闭合；

发动机自动控制运行；

电池放电。

2）绿灯

ACB/MCCB 断开；

发动机手动控制运行；

发电机带负载运行；

主电源供电正常。

（6）其他控制设备：

指示灯试验按钮；

频率预调装置；

电压预调装置；

发动机启动控制；

电池充电器及其附属装置；

发动机加热器控制；

电子同步调节器（并联机组）；

固态自动电压调整器；

"手动—自动"旋转控制开关；

音响警报信号和信号解除开闭；

带手动隔离开关，由恒温器控制的控制屏防冷凝加热器；

按照系统要求遥测、遥控信号指示等所必需的继电器和干触点等。

（7）控制屏内需预留发电机组启停联锁送、排风机及与各低压配电柜联锁的接点。

5.2.14　控制屏监控信号

所有监控信号，包括运行状态、故障报警、油位显示、油温、油压等参数，须透过相应的控制微处理机，利用带有的 RS 485 或 RS 232 通信接口与变配电自动监控系统交接 。

5.2.15　系统操作和运行特性

1. 自动操作

（1）在主电源故障时，在指定的低压配电屏内由自动切换系统的"正常"断路器前带 0～5 s 可调延时的电压继电器动作发出信号激励发动机的启动系统。

（2）在接到启动信号后，发动机须开始启动程序。

（3）发电机组须于　12　s内达到其额定速度并准备接载全负荷。

（4）如发电机在　15　s后不能启动，启动程序须于　5　s后在　5　s内再启动两次。如发电机仍不能启动，则启动程序须被闭锁，并发出音响和光示信号。发动机须处于闭锁状态直至手动复归为止。

（5）在启动期间，若主电源恢复供电须不会使启动程序中止，但不须进行负荷的转换。主电源故障后而发电机组已运转，则在　0.5～1　s之延时后，应进行负荷的转换。

（6）此时，按设计图纸要求接在低压配电屏中重要负荷母线段上一些指定的馈出回路，须由各自的低电压继电器使之跳闸。

（7）当发电机组达到额定频率和电压时，须发出信号使"正常"断路器断开而使"备用"断路器闭合。当低压配电屏的重要负荷母线段已带电时，上述已经由低电压继电器而断开的馈出回路须按图标预定的程序自动闭合到母线上，以避免使发电机过载。

（8）当正常供电完全恢复后，负荷的转换及发电机组的停机，须可由控制屏上的选择开关选择手动或自动操作。在此指令的激发下，负荷之转换须立即执行。发电机组无载运转　0～15　s可调至短暂冷却然后停机。

2. 手动操作

（1）控制屏须装置"自动－手动"旋转控制开关。如选择于"自动"位置整个系统须能如上所述运行，并能使系统保持自动状态直至转换成手动控制为止。

（2）通过控制板上的控制开关，发电机组能手动启动。一旦启动并运行正常，发电机可用手动接载重要负荷。

（3）在整个手动启动期间，只要主电源供电仍然可靠，所有负载须不会转换到发电机上。但当按"手动转换负荷"按钮时信号须令"正常"断路器断开，"备用"电源的断路器闭合，能如自动操作一样，使负荷转换。将"手动转换负荷"按钮复归，负荷须转回由主电源供电。

5.2.16　接地

1. 在发电机房内装设供备用发电机设备接地的接地终端（由土建承包

单位负责）。

2. 由接地终端引出沿发电机房一周敷设的　40×4　镀锌扁钢，发电机机座、油箱、发电机控制屏、电缆托盘/梯架等须分别接至此接地装置。

5.2.17　机房噪声控制

发电机房应采取机组消声及机房隔声综合治理措施，治理后环境噪声应满足国家规范及当地环保部门的噪声强度要求。　消声处理采用以下措施　：

1. 进风口安装 1500mm 长消声箱，风速不超过 2.5m/s；

2. 排风口安装 1800mm 长消声箱，风速不超过 5m/s；

3. 以至少 50mm 静荷挠度隔振弹簧承托发电机；

4. 发动机安装消声箱，型号为 NARRRE150mm 或以上；

5. 机房内部墙面和顶棚做隔声降噪处理，采用铝扣板加消声板的方式。

部分厂家采用的消声处理措施如表 1-16 所示。

部分厂家采用的消声处理措施　　　　表 1-16

厂家名称 技术指标	厂家1	厂家2	厂家3
消声处理措施	工业级消声器、二级消声、机房墙面降噪、静声箱	工业级消声器、二级消声、机房墙面降噪、静声箱	工业级消声器、二级消声、机房墙面降噪、静声箱

5.2.18　接线系统和控制线路图

1. 在发电机房须将适当大小的重要负荷配电接线系统图置于带透明面板的木框内并固定于显见处。

2. 控制屏内须存放一套控制线路图。

5.2.19　警告牌

须提供一块以中/英文书写，字体高度不小于 50mm 的警告牌，书以："ATTENTION：ENGINESTARTSAUTOMATICALLYWITHOUTWARNING. DONOTCOMECLOSE"，"注意：发动机会无警告自动启动，切勿接近"。并固定于发电机房内显见处。

第6章 运输、验收

6.1 运输

6.1.1 设备制造完成并通过试验后应及时包装，否则应得到切实的保护，确保其不受污损。

所有部件经妥善包装或装箱后，在运输过程中尚应采取其他防护措施，以免散失损坏或被盗。

6.1.2 在包装箱外应标明需方的订货号、发货号。

6.1.3 各种包装应能确保各零部件在运输过程中不致遭到损坏、丢失、变形、受潮和腐蚀。

6.1.4 包装箱上应有明显的包装储运图示标志。

6.1.5 整体产品或分别运输的部件都要适合运输和装载的要求。

6.1.6 随产品提供的技术资料应完整无缺。

6.2 验收

需交付下列材料供验收用：

1. 安装图。

2. 完整的测试和试运行报告。

第7章 技术资料

7.1 需方提供的资料

7.1.1 由需方提供相关的设计图纸。

7.1.2 由需方提供与相关专业配合工作接驳口和工作交接面的技术说明书。

7.2 供方提供的资料

供方应按本技术规格书要求提供柴油发电机组的资料，并对提供资料的正确性负责。　供方提供的资料包含但不限于如下　各项：

1. 加工、装配、布置和定线图；

2. 材料表（非必须）；

3. 符合本技术说明书的承包单位声明、证书、保函；

4. 制造厂方的图纸及规范书；

5. 技术文件；

6. 接线和控制线路图；

7. 产品样本；

8. 试验报告和证明书；

9. 货样（无）；

10. 本技术说明书中指定的计算书；

11. 计划进度表。

第8章　招标清单

序号	名称	规格及型号	单位	数量	备注

第 2 篇　柴油发电机组基本原理及构造

柴油发电机组是目前应用最广泛、最稳定的备用发电设备，在市电系统不能正常工作的紧急情况下起到举足轻重的作用。一台普通型柴油发电机组主要由柴油机、发电机以及控制系统三部分组成，图 2-1 为柴油发电机组实物图。

图 2-1　柴油发电机组

第 1 章　柴油发电机组构成及性能

1.1　柴油发电机组的构成

柴油发电机组通常由柴油机、三相交流同步发电机和控制系统组成。移动式柴油发电机组的柴油机、发电机和控制屏（箱）均安装在公共底座上；固定式机组的柴油机和发电机安装在公共底座上，且底座是固定在钢筋混凝土基地上的，而控制屏和燃油箱等设备则与机组分开安装。

柴油机的飞轮壳与发电机前端盖轴向采用凸肩定位，连接成一体。使柴油机驱动发电机转子运动。同时，为了减小噪声，机组一般需要安装专用消声器；为了减小机组工作时的振动，在柴油机、发电机、水箱和电气控制箱等主要组件与公共底座的连接处，一般装有减振器或橡皮减振垫。

1.1.1　柴油发动机

柴油机是柴油发电机组的动力系统，它的优点是扭矩大、热效率和经济性能好，具有较高的供电可靠性和自动化功能，同时在节能和 CO_2 排放上具有优势。但柴油机由于工作压力大，要求各有关零件具有较高的结构强度和刚度，所以柴油机比较笨重，体积较大；柴油机的喷油泵与喷嘴制造精度要求高，所以成本较高；另外，柴油机工作时振动噪声大；柴油不易蒸发，冬季冷车时启动困难。

柴油机的基本构成包括机体、两大机构（曲柄连杆机构、配气机构）和四大系统（柴油机燃料系统、润滑系统、冷却系统和起动充电系统）。

1. 机体

如图 2-2 所示，机体是发动机的骨架，用于安装和支撑发动机各总成零部件，由气缸体—曲轴箱、油底壳、气缸套、气缸盖、气缸垫、齿轮室和飞轮壳等组成。

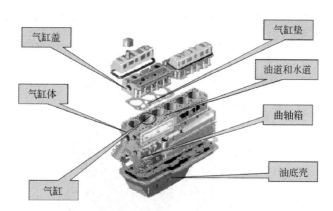

图 2-2　柴油机机体构成图

2. 两大机构

柴油机的两大机构即曲柄连杆机构和配气机构。

（1）曲柄连杆机构

曲柄连杆机构固定在机体之上，是发动机实现工作循环，完成能量转换的主要运动零件（热能转换为机械能）。其组成可分为活塞组、连杆组和曲轴飞轮组。其中活塞组由活塞、活塞环和活塞销组成，而连杆组由连杆、连杆螺钉（栓）和连杆轴承构成，曲轴飞轮组则由曲轴、飞轮和扭转减振器等组成。

（2）配气机构

配气机构的功能是按内燃机工作循环的要求，定时启闭各缸的进排气门，保证混合气或新鲜空气及时充入气缸，在压缩和膨胀过程中，维持燃烧室的密封，并及时排除燃烧后的废气。包括气门组和气门传动组。气门组包括气门、气门座、气门导管、气门弹簧、弹簧座及锁紧装置等零件，气门传动组包括凸轮轴、正时齿轮、挺柱、推杆、摇臂和摇臂轴等零件。

3. 四大系统

四大系统包括进柴油机燃料系统、润滑系统、冷却系统和启动充电系统。

（1）柴油机燃料系统

柴油机燃料系统的功能是向气缸供给清洁的空气和按柴油机各种工况的要求定时定量地向燃烧室喷入燃油，并将燃烧的废气排到大气中去。

如图 2-3 所示，柴油供给系统由油箱、输油泵、燃油滤清器、喷油泵、喷油器及燃油管路等零部件组成。

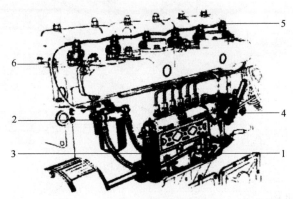

图 2-3　六缸直列式柴油机燃油供给和调速系统

1—输油泵；2—燃油滤清器；3—喷油泵；4—调速器；5—喷油器；6—燃油管路

（2）润滑系统

润滑系统由机油泵、滤清器、压力表、温度表、冷却器、调压阀等组成，基本任务是将一定数量、清洁和温度适宜的润滑油送至各摩擦表面进行润滑，主要功能是减磨、冷却、清洁、密封和防锈。

（3）冷却系统

根据冷却介质的不同，冷却系统通常分为两种类型：风冷系统和水冷系统，对应的有空冷发动机和液冷发动机。

（4）启动充电系统

内燃机在静止状态下，用外力推动曲轴，使内燃机开始运转的全过程称为启动，完成启动所需的装置称为启动系统。常见的启动方式有人力启动、发动机启动、压缩空气启动和辅助汽油机启动。

1.1.2　发电机

电机按照其发生或需要的电能的性质可分为直流电机和交流电机；交流电机除变压器外，还可分为同步电机和异步电机。异步电机多作为电动机，作发电机用的非常少见。

如图 2-4 和图 2-5 所示，柴油发电机组中常用的发电机为同步发电机，由定子、转子和电压调节器及辅助装置构成。

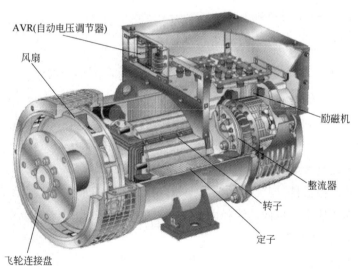

图 2-4　发电机结构图

1. 电枢组件

电枢由电枢铁芯和电枢绕组组成。电枢铁芯由导磁良好且彼此绝缘的薄硅钢片叠压而成，既可构成发电机的部分磁路，又可减小铁芯的涡流损耗。电枢硅钢片的内沿中央制有均匀的开口，如图 2-6 所示，许多硅钢片叠压后其内沿形成开口槽，用于安放电枢绕组。电枢绕组是由高强度漆包线绕制而成，按照设计规律安放在电枢槽内并正确地连接起来，构成完整的单相或三相电枢绕组，用以产生交流电动势，向负载输出电能。

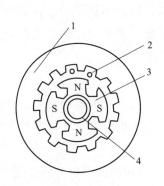

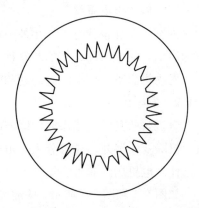

图 2-5　同步发电机构造原理图　　　　图 2-6　电枢硅钢片形状
1—定子铁芯；2—定子绕组的导体；
3—磁极；4—集电环

2. 磁极

磁极由磁极铁芯和励磁绕组组成。磁极铁芯由导磁良好且彼此绝缘的薄硅钢片叠压而成，在励磁电流的作用下产生主磁场，同时减小涡流损耗。励磁绕组由外涂高强度绝缘漆的铜导线集中绕制在各个磁极上，然后将其正确地连接起来。当通入直流电流时，磁极被磁化，产生符合要求的主磁通和磁极极性。其匝数由所要求的主磁通量和所选用的磁极铁芯的材料与截面积决定，导线的线径由额定励磁电流决定。

3. 定子和转子

定子是交流发电机中固定不动的部分，可以是电枢，也可以是磁极。对于旋转磁极式发电机，其定子组件就是电枢组件；而对于旋转电枢式发电机，其定子组件则为磁极及其励磁绕组等组成的磁极组件。

转子是发电机的旋转部分，可以是发电机的磁极，也可以是发电机的电枢。图 2-7 所示为转子组件图。对于旋转磁极式同步交流发电机，转子部分通常由磁极铁芯、励磁绕组、转轴及附件组成。

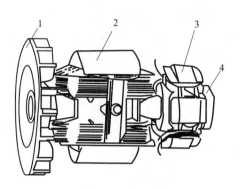

图 2-7　转子

1—风扇叶片；2—磁极；3—电枢；4—硅整流器

4. 电压调节器 AVR

当发电机转速发生变化时，电压调节器可自动改变发电机励磁电流，确保输出电压恒定。常见的电压调节器有 SX460 型、SA465 型、SX440 型、SX421 型、MX341 型、MX321 型等。

1.1.3　控制系统

伴随着计算机技术的发展，柴油发电机组自动化技术日臻成熟。专业控制器采用未处理技术，以各种集成电路取代继电器控制及分立电子元器件组成的逻辑电路，直至发展成以专用控制器为核心的自动化系统。其总体来说具有成本低、性能高的特点。

柴油发电机组控制器具有检测和显示发电机各物理量的功能；进行发电机的启动、运行、停机、紧急停机等控制性操作；供电及负载检测与切换；机组保护；故障诊断；远程通信遥测、遥控等作用，增强了柴油发电机组运行的可靠性和人机交流方便性。常见的有 DSE550 控制器、AC-CESS4000 控制器、TA3000 控制器等。

1.2　柴油发电机组的性能

根据国家标准《往复式内燃机驱动的交流发电机组　第 1 部分：用途、定额和性能》GB/T 2820.1—2009 的规定，柴油发电机组可定义为四级性能：

（1）G1 级性能：要求适用于只需规定其基本的电压和频率参数的连

接负载。主要作为一般用途，如照明和其他简单的电气负载。

（2）G2级性能：要求适用于对电压特性与公用电力系统有相同要求的负载。当其负载变化时，可有暂时且允许的电压和频率偏差。如照明系统、风机和水泵等。

（3）G3级性能：要求适用于对频率、电压和波形特性有严格要求的负载。如电信负载和晶闸管控制的负载。

（4）G4级性能：要求适用于对频率、电压和波形特性有特别严格要求的负载。如数据处理设备或计算机系统。

柴油发电机组的主要电气指标包括稳态指标和动态指标两类，它不仅是衡量机组供电质量的标准，也是正确使用和维修机组的主要依据。

1.2.1 稳态指标

发电机组在一定负载下稳定运行时的电气性能指标称为稳态指标。常用的稳态指标包括额定值、空载电压调整范围、电压热偏移、电压波形畸变率、稳态电压调整率、稳态频率调整率、电压波形率、频率波动率和三相负载不平衡度等。

1. 空载电压调整范围 u_z

由于机组与用电设备之间有一定的电缆电压降，机组应保证在一定的负载下，输出电缆末端仍具有正常的工作电压。因此，机组稳定运行时，其空载电压应能在一定范围内调整。通常情况下，空载电压调整范围为额定电压的 95%～105%。

2. 电压热偏移

当环境温度和发电机组本身的温度升高时，发电机铁芯的磁导率下降，绕组的直流电阻增加，电路元件参数会发生变化，从而引起发电机组输出电压的变化，这种现象称为电压热偏移。通常情况下，用温度升高所引起的机组电压变化量占额定电压的百分比来表示机组的电压热偏移，一般不超过 2%。

3. 电压波形畸变率

发电机组输出电压的理想波形应为正弦波，但其实际波形不是真正的正弦波，既含有基波，又含有三次及三次以上的高次谐波。各次谐波有效值的均方根值与基波有效值的百分比称为电压波形畸变率。一般情况下，发电机组空载额定电压波形畸变率应小于 10%。若过大，会使发电机发热严重，温度升高而损坏发电机的绝缘，影响发电机组的正常工作性能。

4. 稳态电压调整率 δ_u

稳态电压调整率是机组在负载变化后的稳定电压相对机组在空载时额定电压的偏差程度，是衡量发电机组端电压稳定性的重要指标，稳态电压调整率越小，说明负载的变化对机组端电压的影响越小，机组端电压的稳定性越高。

5. 稳态频率调整率 δ_f

稳态频率调整率是负载变化后，机组稳定频率的差值与额定频率之比的百分数。稳态频率调整率越小，表明负载变化时频率越稳定。稳态频率调整率与发动机的调速性能有关，调速器的调节能力越强，负载变化时频率越稳定。

6. 电压波动率 δ_{uB}

负载不变时，由于发电机励磁系统不稳定和发动机转速的波动，使机组的输出电压产生波动。

7. 频率波动率 δ_{fB}

负载不变时，由于机组内部原因，机组的频率也产生波动，这主要是由发动机调速器的不稳定和发动机曲轴的不均与旋转造成的。

8. 三相负载不平衡度 δ_{uL}

三相不对称负载将导致发电机三相绕组所供给的电流不平衡，使发电机线电压间产生偏差，同时使发电机发热和振动，对用电设备也是不利的。

1.2.2　动态指标

柴油发电机组的主要动态指标包括电压和频率稳定时间、瞬态电压调整率和瞬态频率调整率、直接启动空载异步电动机的能力、机组并车性能以及无线电干扰允许值等。

1. 电压和频率稳定时间

机组负载突变时，其电压和频率会产生突然下降或升高的现象，从负载突变时起至电压或频率开始稳定所需要的时间为电压和频率稳定时间。其中，电压稳定时间与自动调压系统的性能有关，频率稳定时间和发动机调速器的调速性能有关。一般情况下，电压稳定时间应小于 3s，频率稳定时间应小于 7s。

2. 瞬态电压调整率 δ_{u_s} 和瞬态频率调整率 δ_{f_s}

当机组负载突变时，由于受柴油机输入功率的突变和发电机电枢反应等因素的影响，发动机端电压和频率会产生突然下降或升高的现象。电压和频率的瞬态变化值与负载突变前的数值之差与额定值的百分比称为机组的瞬态电压、频率调整率。

3. 直接启动空载异步电动机的能力

机组直接启动异步电动机时，由于启动电流很大及异步电动机低功率因数的影响，机组输出电压显著下降，这时发电机的励磁系统必须进行强励磁，以补偿机组输出电压的下降。异步电动机容量越大，强励程度就越高。柴油发电机组启动空载异步电动机的容量不得超过其额定容量的 70％；而启动有载异步电动机时，异步电动机的容量不得超过其额定容量的 35％。

4. 机组的并车性能

型号规格相同和容量比不大于 3∶1 的机组在 20％～100％额定功率范围内应能稳定地并联运行，且可平稳转移负载的有功功率和无功功率。

5. 无线电干扰允许值

根据《通信用柴油发电机组》YD/T 502—2007，用于通信电源的柴油发电机组对无线电干扰有要求时，机组应具有抑制无线电干扰的措施，其干扰允许值不应大于表 2-1 和表 2-2 中规定的限值

传导干扰限值　　　　　　　　　　　　　　表 2-1

频率(MHz)		0.15	0.25	0.35	0.6	0.8	1.0	1.5	2.5	3.5	5～30
端子电平允许值	μV	3000	1800	1400	920	830	770	680	550	420	400
	dB	69.5	65.1	62.9	59	58	58	56.7	54.8	54	52

辐射干扰限值　　　　　　　　　　　　　　表 2-2

频段 f_d(MHz)		$0.15{\leqslant}f_d{<}0.50$	$0.50{\leqslant}f_d{<}2.50$	$2.50{\leqslant}f_d{<}20.00$	$20.00{\leqslant}f_d{<}300.00$
干扰场强	μV/m	100	50	20	50
	dB	40	34	26	34

第2章 柴油发电机组的基本原理

2.1 柴油发电机组工作原理

2.1.1 机组工作方式

柴油发电机组的工作原理可归纳为：由柴油发动机驱动发电机运转，进而输出电能。

从能量转换的角度分析，柴油发电机组的各组成部分工作原理可归纳如下：

1. 柴油机：将柴油燃烧产生的热能转换为机械能，从而带动发电机的转子转动；

2. 发电机：将柴油机输出的机械能，通过电磁感应转换为电能输出；

3. 控制系统：对发电机输出的电能进行监测、控制、分配，保证柴油机、发电机的正常运行。

2.1.2 连接方式

柴油机的飞轮壳和发电机采用凸肩定位构成一体，其驱动连接方式主要有柔性连接和刚性连接。柔性连接是以联轴器将发电机和柴油机对接起来；刚性连接即使用高强度螺栓将发电机刚性连接片和柴油机飞轮盘连接而成。图 2-8 所示为弹性联轴器和钢片联轴器。

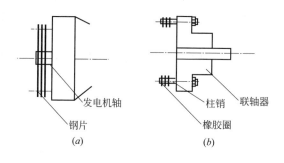

图 2-8　联轴器

（a）钢片联轴器；（b）弹性联轴器

2.1.3 柴油机的工作原理

以四冲程柴油机为例，对柴油机的工作原理进行介绍。四冲程柴油机的四个冲程分别称为进气、压缩、作功和排气冲程。

1. 四冲程正时相位图

正时相位图是用来识别所有四个冲程是何时发生的方法，如图 2-9 所示。在相位图上画出了四冲程发动机的各个过程。在相位图顶部，活塞正好处在上止点（TDC）位置。TDC 之前发生的过程称为 BTDC（上止点前），上止点后发生的称为 ATDC（上止点后）。相位图的底部是活塞处于下止点（BDC）位置。

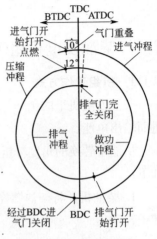

图 2-9 正时相位图

2. 四冲程柴油机工作原理

（1）进气冲程

如图 2-10（a）所示，在进气冲程过程中，活塞在曲轴的带动下，从上止点移动到下止点，此时进气门打开，排气门关闭。由于气缸内容积增大，气缸内压力低于大气压。因此，新鲜空气通过吸气门进入气缸。由于进气系统有阻力，空气进入气缸后的压力低于大气压。进气结束时气缸内的压力约为 0.8～0.9 个大气压，温度在 40～70℃。此过程结束时，气缸内充其量越多，可以喷入的燃油量也越多，燃烧过程放出的能量就越多，柴油机发出的功率就越大；

（2）压缩冲程

如图 2-10（b）所示，活塞从下止点移动到上止点，进、排气门都处于关闭状态，活塞将第一冲程吸入的空气压缩在燃烧室内，使空气的温度和压力升高。此过程结束时，气缸内空气温度约在 500～700℃，压力为 27～49 个大气压；

（3）作功冲程

如图 2-10（c）所示，活塞从上止点移动到下止点，进、排气门依然关闭。压缩过程结束时，喷油器将高压燃油喷入气缸，与高温高压空气混合，由于温度高于柴油自燃点，自行产生燃烧，产生大量热能，使气缸内温度和压力急剧升高。高温高压气体推动活塞下移，经连杆带动曲轴旋转，对外做功。此过程最高燃烧压力约为 60～90 个大气压，温度最高达到 1700～2000℃。随着膨胀作用的进行，热能转变为机械能，气缸内气体的压力、温度急剧下降，到膨胀结束时，气缸内的压力下降至 4 个大气压，温度降到 600～900℃。

（4）排气冲程

如图 2-10(d) 所示，排气冲程活塞从下止点移动到上止点，此时进气门关闭，排气门打开。膨胀结束后，气缸内气体已失去做功的能力，称为废气。为了使新鲜空气重新进入气缸，需将废气排出。废气在活塞上行的排挤下，经过排气门到出缸外。排期结束时，气缸内的压力约为 1.03～1.08 个大气压，温度约为 350～600℃。

至此，活塞又回到上止点，单缸四冲程柴油机完成一个工作循环，曲轴转动两圈。此外，实际情况下，柴油机的进、排气门动作的时间并非活塞移动到上、下止点，而是进气门在上止点前打开，下止点后关闭；排气门在下止点前打开，上止点后关闭。

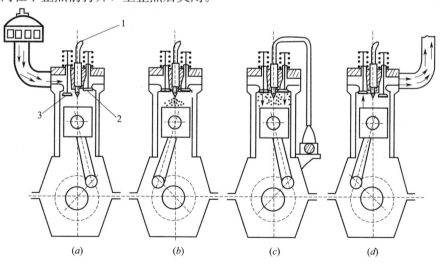

图 2-10　四冲程柴油机工作过程

1—喷油嘴；2—排气门；3—进气门

从四冲程柴油机的四个工作过程可以看出，只有作功冲程是作功的，其他三个冲程为辅助过程，需要消耗能量。所耗能量，单缸柴油机由飞轮储存的能量提供，多缸柴油机则靠其他缸的作功冲程来提供。

2.1.4 发电机的工作原理

柴油发电机组中常用的发电机为同步交流发电机，是以电磁感应为基础的旋转式机械。根据其结构特点可分为旋转电枢式和旋转磁极式两种。以旋转电枢式同步发电机为例介绍柴油机组中发电机的工作原理。

旋转磁极式发电机产生电动势的原理与旋转电枢式相同，都是电磁感应现象。而主要区别有两点：

（1）产生感应电流的方式：旋转电枢式发电机通过电枢的旋转使闭合线圈的磁通量变化，从而产生感应电流；旋转磁极式发电机则通过磁极的旋转使定子线圈切割磁力线，从而在定子线圈中产生感应电流。

（2）电力输出方式：旋转电枢式发电机通过电刷和集电环向外接电路供电；而旋转磁极式发电机则直接将电力送往外接电路，因此相对于旋转电枢式，旋转磁极式发电机可提供更高的电压，适用于大型发电机。

1. 电动势的产生

当导体切割磁场的磁力线时，会在导体中产生感应电动势，如图 2-11 所示。

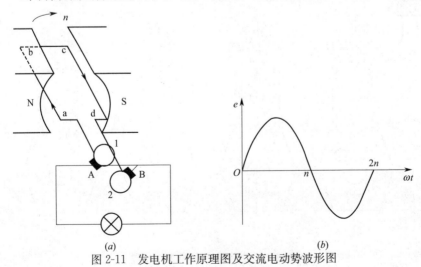

（a）   （b）

图 2-11　发电机工作原理图及交流电动势波形图

（a）发电机工作原理图；（b）交流电动势波形图

图 2-11(*a*) 中，线圈 abcd 代表整个电枢绕组，其两端分别固定在同一转轴上的滑环 1 和 2 上，两者同轴旋转，且相对位置和连接关系不随转子位置的变化而变化。电刷 A 和 B 通过刷架固定在发电机的端盖上，且与滑环 1、2 的滑动接触关系不变。

当电枢沿顺时针方向旋转，ab 边处于 N 极下时，cd 边的感应电动势方向为由 c 至 d，如图 2-11(*a*) 中箭头方向所示，并设此时电动势方向为正方向；当电枢旋转 180° 后，ab 边处于 S 极下，cd 边处于 N 极下，此时 ab 和 cd 边中的电动势均改变方向，显然此时电动势为负值。

由上述过程可知，对于一对磁极的单向同步交流发电机，其转子旋转一周，在电枢绕组中产生一个周波的交流电动势。若磁通密度 *B* 按正弦规律分布，则可产生图 2-11(*b*) 所示的正弦交流电动势。

而对于三相同步交流发电机，其各项绕组产生交流电动势的原理与单项同步交流发电机完全相同。

2. 电动势的大小

根据电磁感应定律，当导体与磁场发生相对运动时，导体中的感应电动势 *e* 可由式(2-1) 求得：

$$e = BLV \tag{2-1}$$

式中　*B*——磁通密度；

　　　L——导体在磁场中的有效长度；

　　　V——导体垂直于磁场方向的运动速度。

而正弦交流电动势的有效值 *E* 可根据式(2-2) 计算：

$$E = Kn\Phi \tag{2-2}$$

式中　*Φ*——发电机每极的磁通量；

　　　n——发电机转速；

　　　K——发电机的结构常数。

同步交流发电机制成后，其结构常数 *K* 已成定值。因此，可通过改变发电机的转速 *n* 或每极磁通 *Φ* 来调整其输出电压的高低。但是，通常情况下要求电动势的频率 *f* 恒定，而频率 *f* 与转速 *n* 成正比，所以发电机的转速是不能随便调整的。因此，主要通过调节同步交流发电机磁通量 *Φ* 的大小，达到调整其输出电压的目的。

3. 电动势的频率

当发电机磁极对数一定时（如 $P=1$），其转子每旋转一周，电枢绕组可产生一个周波的交流电动势。转子旋转两周，产生两个周波的交流电动势。若转子每秒旋转 $n/60$ 周，则产生 $n/60$ 周/s 的交流电动势。由此可知，交流电动势的频率 f 与发电机转速 n 成正比。

当发电机的转速一定时（如 $n=1$ 周/s），磁极对数 $P=1$，转子每旋转一周产生一个周波的交流电动势。磁极对数 $P=2$，转子每旋转一周产生两个周波的交流电动势。若为 P 对磁极，转子每旋转一周产生 P 个周波的交流电动势。由此可知，交流电动势的频率 f 还与磁极对数 P 成正比。

综上所述，同步交流发电机电动势的频率 f 与其转速 n 和磁极对数 P 成正比，因此 f 的计算公式为：

$$f = P \times n/60（周/s） \tag{2-3}$$

由式(2-3) 可知，改变同步交流发电机的转速 n 或磁极对数 P，均可改变其频率 f。但是，发电机制成后，其磁极对数 P 是不能改变的。因此，只能通过改变转速 n 来调整频率 f。一旦频率 f 达到额定值后，就不能再随便改变转速 n。

4. 改善电动势波形的措施

根据要求，同步交流发电机输出电压应为正弦波。但是，由于发电机定子铁芯结构、磁极结构、电枢绕组结构、三相发电机电枢绕组的连接形式等因素的影响，电动势的波形会产生畸变，形成非正弦交流电动势。

非正弦交流电动势中除含有基波分量外，还含有频率不同的许多高次谐波分量。不仅严重影响发电机的性能和工况，还影响用电设备的正常工作。因此，在设计、生产同步交流发电机时，采取了诸多方法，改善电动势波形，使其成为正弦波。其具体方法有：改善磁极形状、采用斜槽定子、改善定子绕组结构和三相发电机采用星形接法。

（1）改善磁极形状：磁极的分布规律由磁极的形状决定，将磁极尖削尖或采用扭斜磁极，使磁通密度 B 近似按正弦规律分布，进而使电动势成为正弦波；

（2）采用斜槽定子：将定子铁芯扭斜一个槽距的位置，使其成为斜槽定子，无论转子旋转至何种位置，磁极端面所覆盖的铁芯齿面积始终保持不变，这样可消除齿谐波的影响；

（3）改善定子绕组结构：同步交流发电机通常采用短距分布式绕组结构，可消除或削弱许多高次谐波分量，使电动势接近于正弦波；

（4）三相发电机采用星形接法：三相同步发电机的三相电枢绕组采用星形接法，其线电压中将不再含有三次及三的整倍数次谐波分量，改善线电压的波形。

5. 同步交流发电机励磁方式

发电机励磁功率的产生方式，称为其励磁方式。同步交流发电机的励磁方式有他励式和自励式两种。

（1）他励式：励磁功率由本身以外的其他电源供给，这种发电机称为他励式发电机。根据获得励磁功率形式的不同，他励式交流发电机又有采用直流励磁机励磁和采用无刷交流励磁机励磁之分。其中，采用直流励磁机励磁是靠同轴转动的并励直流发电机供给励磁功率的，如图 2-12 所示；采用无刷交流励磁机励磁是由同轴转动的交流励磁发电机供给励磁功率的，如图 2-13 所示。

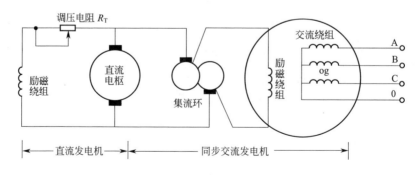

图 2-12　采用直流励磁机励磁

（2）自励式：励磁功率由本身供给的发电机称为自励式发电机。其励

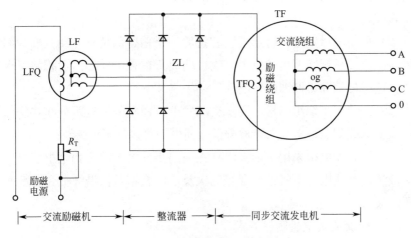

图 2-13　采用无刷交流励磁机励磁

磁功率一般由以下三种方法获得：直接从同步交流发电机输出端取得，如图 2-14 所示；由安装在同步交流发电机的定子槽中的副绕组供给，如图 2-15 所示；发电机电枢绕组为带抽头式的，由抽头处引出部分电枢绕组供给，如图 2-16 所示。

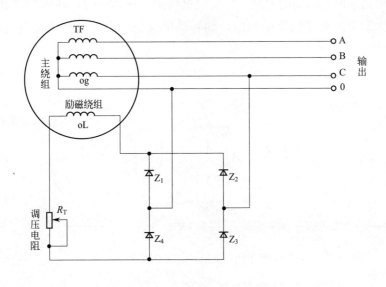

图 2-14　单项主绕组提供励磁功率

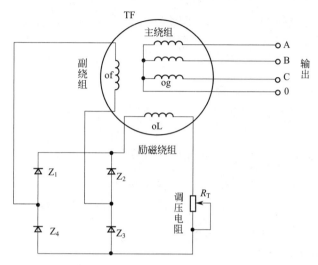

图 2-15　副绕组提供励磁功率

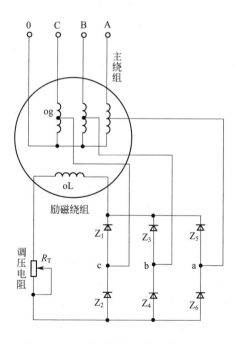

图 2-16　三相绕组同时提供励磁功率

综上所述，不论是他励式同步交流发电机，还是自励式同步交流发电机，改变励磁电流的大小，均可调整发电机的输出电压。

2.2　柴油发电机组的分类

柴油发电机组的种类繁多，依据不同的原则进行分类的结果不尽相同。以发动机燃料为依据，可分为柴油发电机组和复合燃料发电机组；依据转速可分为高、中、低速机组；按用途可分为应急、备用和常用发电机组；根据发电机的输出电压频率可分为交流发电机组和直流发电机组；按照发电机励磁方式可分为旋转交流励磁机励磁系统和静止励磁机励磁系统两类。其中，常用的分类方法为依据柴油发电机组的性质和用途，控制和操作方式以及外观构造进行分类。

2.2.1　按控制方式分类

1. 手动机组

此类机组最为常见，通常用作主电源或备用电源。机组具有电压和转速自动调节功能，需操作人员在机房现场对其进行启动、合闸、分闸和停机等操作。

2. 自启动机组

自启动机组是在手动机组的基础上，增加了自动控制系统，常用作备用电源。其优点是在市电突然中断时，机组具有自动启动、自动调压、自动调频、自动进行开关切换和自动停机等功能；当机组油压过低、机油温度和冷却水温过高时，可自动发出声光报警信号；当机组超速时，可自动紧急停机保护机组。此类机组大大减少了对操作人员的依赖性，缩短了市电中断至由机组供电间的间隔时间。

3. 微机控制自动化机组

微机控制自动化机组特别适合用作应急电源。此类机组具有性能完善的柴油机、同步发电机、燃油自动补偿装置和自动控制屏等组件。其自动控制屏采用可编程自动控制器（PLC）控制，除具备自启动机组的各项功能外，还可按负荷大小自动增减机组、故障自动处理、自动记录打印机组运行报表和故障情况，对其实行全面自动控制。由串行通信接口（RS 232、RS 422 或 RS 485）实现中心站对分散于各处的机组进行实时的遥控、遥信和遥测，从而达到无人值守。

2.2.2　按用途分类

1. 常用机组

这类发电机组常年运行，通常容量较大，对非恒定负载提供连续的电力供应，对连续运行的时间没有限制，并运行每 12h 内有 1h 过负载供电时间，过负载能力为额定输出功率的 10％。一般设在远离电力网（市电）的地区或工矿企业附近，以满足此区域施工、生产和生活用电。因其运行时间较长、负载较重，相对于本机极限功率的许多功率均被调至较低点。

2. 备用机组

备用机组是在市电拉闸限电或其他原因中断供电时，为满足用户的基本生产和生活而设置的发电机组。常设置于电信部门、医院、市电供应紧张的工矿企业、机场和电视台等重要用电单位。这类机组随时保持备用状态，能对非恒定负载提供连续连续的电力供应，且对连续运行的时间没有限制。

3. 应急机组

应急机组在市电突然中断时，迅速启动运行，并在最短时间内向负载提供稳定的交流电源，以保证及时地向负载供电。常设置于高层建筑的消防系统、疏散照明、电梯、自动化生产线的控制系统、重要的通信系统以及正在给病人做重要手术的医疗设备等。

2.2.3　按外观构造分类

1. 基本型机组

基本型柴油发电机组外观如图 2-17 所示，是最常见的柴油发电机组，可以是手动机组，亦可是自启动机组或微机控制自动化机组。

2. 静音型机组

静音型柴油发电机组外观如图 2-18 所示，其与基本型机组的本质区别是机组外部安装了隔声罩，消声器内置，降低了机组产生的噪声。这类机组适用于对噪声有要求的特殊场合，如学校、医院和高级公寓等。

图 2-17　基本型柴油发电机组外观

图 2-18　静音型柴油发电机组外观

3. 车载机组

车载机组的外观如图 2-19 所示，这类机组将整台柴油发电机组安装在汽车车厢内，通常厢体要做静音降噪处理，是专门为保证应急供电而设计的机组。

图 2-19　车载柴油发电机组外观

4. 拖车机组

拖车机组的外观如图 2-20 所示，通常是在静音型机组的基础上加装了拖车，实现机组的便捷式移动，适用于城市范围内的短距离应急供电。

图 2-20　拖车柴油发电机组外观

5. 集装箱式机组

集装箱式机组又称方舱式机组，其外观如图 2-21 所示，这类机组是将整台柴油发电机组安装在方舱内，是专门为野外工程建设供电而设计制造的，其功率一般在 500kW 以上。

图 2-21　集装箱式柴油发电机组外观

第3章　各组件介绍

3.1　发动机

如上文所述，柴油发动机的基本构成包括机体，两大机构和四大系统。本节将对各部分组件进行详细的介绍。

3.1.1　机体

机体由气缸体—曲轴箱、油底壳、气缸套、气缸盖、气缸垫、齿轮室和飞轮壳等组成。

1. 气缸体—曲轴箱：水冷柴油发动机的气缸体和曲轴箱常用灰铸铁铸为一体，气缸体上部分圆柱形空腔称为气缸，下半部为支撑曲轴的曲轴箱，其内腔为曲轴运动空间。在气缸体内部铸有许多加强筋、挺柱腔、冷却水套和润滑油道、水道等。

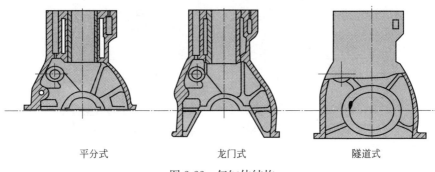

平分式　　　　　　　　龙门式　　　　　　　　隧道式

图 2-22　气缸体结构

如图 2-22 所示，气缸体的结构通常分为三种：平分式、龙门式和隧道式。平分式机体具有加工、拆装方便的特点，但是刚度较差；龙门式机体不仅拆装方便，还具有较好的抗弯曲、抗扭转刚度，但是加工不便；隧道式机体刚性最好，但重量较大，结构复杂。

2. 气缸套：气缸套镶嵌于机体上部气缸孔内，由耐磨的高级铸铁材料制成，而缸体则可用价廉的普通铸铁或质量轻的铝合金制成，在有效地节省材料的同时延长使用寿命，解决了成本与寿命之间的矛盾。通常气缸套分为干式和湿式两种，如表 2-3 所示。

气缸套分类　　　　　　　　　　　　　　　　　　　　　表 2-3

分类	干式缸套	湿式缸套
依据	外壁不直接与冷却水接触	外壁直接与冷却水接触
特点	壁厚较薄（1～3mm）； 与缸体承孔过盈配合； 不易漏水漏气	壁厚较厚（5～9mm）； 散热效果好； 便于拆卸

3. 气缸盖：如图 2-23 所示，气缸盖的结构复杂，由铸铁或铝制成，是安装在气缸体顶部的部件，通常覆盖住使空气和燃油进入气缸的气道和气门，作用是密封气缸体，控制气缸内空气和燃油的进出。其内部一般有进、排气道，水冷水套（风冷柴油机气缸盖外部有散热片），润滑油孔等；外部装有进、排气门，喷油器，进、排气管等。

4. 气缸垫：气缸垫是气缸盖与机体结合面之间的密封元件，在压力的作用下产生一定的形变，以补偿结合面的不平度和粗糙度。因此，其制作材料

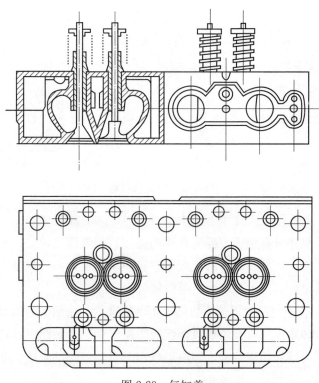

图 2-23　气缸盖

具有弹性、耐热性、耐压性的特点，作用是保证缸体与缸盖间的密封，防止漏水、漏气和窜油。目前常用的气缸垫是金属石棉垫，如图 2-24 所示。

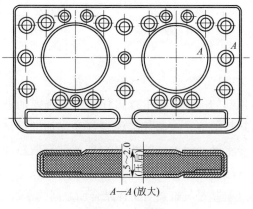

A—A(放大)

图 2-24　气缸垫

5. 油底壳：油底壳的作用是贮存机油，并回收由柴油机各摩擦表面流回的机油。其构造具有以下特点：

（1）由薄钢板冲压而成；

（2）内部设有稳油挡板，以防止振动时油底壳油面产生较大的波动；

（3）最低处设有放油塞（磁性）；

（4）曲轴箱与油底壳之间有密封衬垫。

3.1.2　两大机构

1. 曲柄连杆机构

曲柄连杆机构固定在机体之上，是发动机实现工作循环，完成能量转换的主要运动零件（热能转换为机械能）。其组成可分为活塞组、连杆组和曲轴飞轮组。

（1）活塞组

活塞组由活塞、活塞环和活塞销组成。

活塞销通常用低碳钢或低碳合金钢制造，作用是连接活塞与连杆的小头，以传递动力。

活塞环在自由状态时是一个比气缸内径大的开口环，装在活塞环槽里，在压紧状态下随同活塞一起装入气缸，依靠本身的弹力使其外圆面紧贴在气缸壁上，保证燃气不能通过环与气缸的接触面。其种类有气环和油环两种，前者的作用是密封活塞与气缸之间的间隙，防止燃油室中的高温、高压燃气窜入曲轴箱，同时将活塞顶部的大部分热量传递给气缸壁及冷却介质，而后者的作用是刮除气缸壁上多余的润滑油，防止润滑油窜入燃烧室，并使其油膜沿气缸壁均匀分布，以减少活塞环与气缸壁的磨损。

活塞组的作用是其顶部与气缸盖组成燃烧室，直接承受气缸中的燃气压力，并将此压力通过活塞销传给连杆，以推动曲轴旋转。目前常用的有锻铝合金或共晶铝硅合金活塞，高增压柴油机中较多采用铸铁活塞。

（2）连杆组

连杆一般采用优质中碳钢模锻或滚压形成，并经调质处理。其作用是连接活塞与曲轴，将活塞承受的燃气压力传给曲轴，使活塞的直线往复运动变为曲轴的旋转运动。

连杆螺栓是用来连接平切口连杆大头和连杆盖的,而连杆螺钉是用作连接斜切口连杆大头和连杆盖的。

(3) 曲轴飞轮组

曲轴飞轮组由曲轴、飞轮和扭转减振器等组成。

其作用是将活塞连杆组传来的力转变成扭矩,从轴上输出机械功,驱动柴油机各机构及辅助系统,克服非做功冲程的阻力,同时贮存和释放能量,使柴油机运转平稳。

曲轴将气体压力转变为扭矩输出,以驱动与其相连的动力装置。要求是:耐疲劳、耐冲击,有足够的强度和刚度,一般由合金钢或中碳钢制造。

飞轮多采用灰铸铁制造,当轮边的圆周速度超过 50m/s 时,则选用强度较高的球墨铁或铸钢。其作用是存储作功冲程产生的能量,克服辅助冲程的阻力,保持曲轴旋转的均匀性,确保柴油机运转平稳。

2. 配气机构

配气机构按柴油机的工作循环和着火顺序,定时地开启和关闭各缸的进排气门,保证新鲜空气适时充入气缸,并将燃烧后的废气及时排除。其零件依据各自功用可分为两组:以气门为主要零件的气门组和以凸轮轴为主要零件的气门传动组。

(1) 气门组

气门组包括气门、气门座、气门导管、气门弹簧、弹簧座及锁紧装置等零件。

气门是在高温、高机械负荷及冷却润滑困难的条件下工作的,气门头部承受气体压力的作用,排气门同时受到高温废气的冲刷和废气中硫化物的腐蚀。因此,要求气门具有足够的强度、耐高温、耐腐蚀和耐磨损能力。

(2) 气门传动组

气门传动组由凸轮轴、正时齿轮、挺柱、推杆、摇臂和摇臂轴等零件构成。其作用是按照规定时刻(配气定时)和次序(发火次序)打开和关闭进、排气门,并保证一定的开度。

根据内燃机种类和气门配置的不同,配气机构也不相同。四冲程内燃机配气结构有侧置式和顶置式两种。

　　侧置式配气机构装在气缸的一侧，如图 2-25 所示。其优点是结构简单，易形成压缩涡流。缺点是所形成的燃烧室不够紧凑，抗爆性差，热量损失多，进、排气阻力也较大，HC 排放高，故此方式已较少应用。

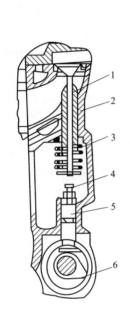

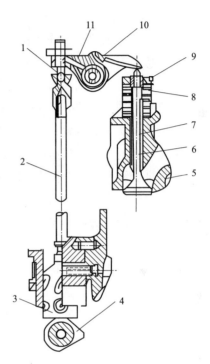

图 2-25　侧置式配气机构

1—气门；2—套管；3—弹簧；

4—调整螺丝；5—推杆；6—凸轮轴

图 2-26　顶置式配气机构

1—调整螺丝；2—挺杆；3—推杆；4—凸轮；

5—汽缸盖；6—导管；7—气门；8—弹簧；

9—弹簧盘；10—摇臂轴；11—摇臂

　　目前应用较广的是顶置式配气机构，其装在气缸盖上，除侧置式机构的组成外，还包括摇杆、摇臂等零件，其结构如图 2-26 所示。优点是可形成较紧凑的燃烧室，减少进、排气阻力，气门间隙调节方便，不需要增设气门开启的空隙，且燃烧室较小，热损失很少，保证在压缩比很高的情况下，气缸的高度可以适当降低，减小了发动机的体积。但是，顶置式配气机构的结构较为复杂。

3.1.3 四大系统

1. 燃料系统

燃料系统是柴油发电机组的重要组成部分，本章3.6节将对燃料系统进行具体的介绍。

2. 润滑系统

润滑系统由机油泵、滤清器、压力表、温度表、冷却器、调压阀等组成。其中机油泵、油底壳、机油道和油管用以储存机油，使机油在运动机件间强制循环；机油细滤器、粗滤器、集油器的作用是清除机油中的各种杂质，且粗、细滤清器并联使用；机油压力表、机油温度表是用作显示润滑系统的工作状况的装置；机油冷却器的作用是冷却机油，防止机油温度过高而影响润滑效果；调压阀、限压阀和旁通阀的作用是调节和限制机油压力，保证润滑系统安全可靠地工作。

发动机的润滑方式分为压力润滑、飞溅润滑、油雾润滑。大多数柴油机采用以压力润滑为主，飞溅润滑和油雾润滑为辅的复合方式。

3. 冷却系统

内燃机在工作时，燃料在气缸里燃烧产生大量的热，其中大约1/3被内燃机零部件吸收。过热零件的强度和刚度将降低，正常的配合间隙被破坏，机油易变质，运动件的摩擦和磨损加剧，严重时配合件可能产生卡死与损坏。而柴油机过热，会导致充气系数降低，燃烧不正常，功率下降，耗油量增加等现象。因此，若不及时进行冷却处理，内燃机中直接与高温气体接触的机件的工作将受到严重的影响。

根据冷却介质的不同，冷却系统通常分为两种类型：风冷系统和水冷系统。

（1）水冷系统

水冷系统以水作为吸热介质来冷却高温机件。依据水在柴油机中循环方式的不同，可分为自然循环冷却和强制循环冷却两种。前者是利用水的密度随温度变化的特性，使冷却水循环，又可分为蒸发式、冷凝器式和热流式三种，具有结构简单、维护方便的优点，但是此方式水循环缓慢、冷却不均匀、易产生局部过热现象；后者是利用水泵使水在柴油机中循环流动，又可分为开式和闭式两种。其中，开式系统的耗水量较大，闭式系统可提高柴油机的进、出水口水温，使冷却水温差较小，可稳定柴油机工作稳定，提高其经济性。

（2）风冷系统

风冷系统是以空气为冷却介质，又称空气冷却。发动机的缸盖外表面上有散热片或助片。散热片增加了冷却液与空气接触面，从而增加用于热传递的对流和辐射量。燃烧产生的热量从发动机内部通过传导传递给外部散热片。相对于水冷却方式，风冷发动机不仅零件较少，结构简单，使用和维护比较方便，还具有较好的地区环境适应性。但是风冷发动机的噪声和风扇消耗的功率均较大。

4. 启动充电系统

本章 3.7、3.8 节将对启动充电系统进行详细的介绍。

3.2　发电机

柴油发电机组中的发电机通常是同步发电机。同步发电机可分为旋转电枢式和旋转磁极式两种，其中旋转磁极式同步发电机是更为常见的一种。

3.2.1　旋转电枢式

旋转电枢式同步发电机的电枢是转动的，磁极是固定的，电枢电势通过集电环和电刷引出与外电路连接。旋转电枢式只适用于小容量的同步发电机，原因是：采用电刷和集电环引出大电流比较困难，容易产生火花和磨损；电机定子内腔的空间限制了电机的容量；发电机的结构复杂，成本较高；电机运行速度受到离心力及机械振动的限制。因此，旋转电枢式发电机只适用于小型发电机。

3.2.2　旋转磁极式

旋转磁极式同步发电机的磁极是旋转的，电枢是固定的，电枢绕组的感应电势不通过集电环和电刷直接送往外电路，因此绝缘能力和机械强度较好，安全可靠，维护简单，适用于大型发电机。

3.3　联轴器及避振装置

3.3.1　联轴器

联轴器联接是柴油发电机组主要的联接方式，可分为刚性联轴器和弹性联轴器。由于发动机和发电机的制造与安装误差，承载后变形以及温度变化的影响，往往不能保证严格对中，存在着某种程度上相对位移与偏斜，而刚性联轴器对两轴间的偏移缺乏补偿能力，仅用于低速且运转平稳的柴油发电机组中；弹性联轴器装有弹性元件，不仅可以补偿两轴间的偏移，而且具有缓冲、减振的能力，是柴油发电机组中发动机与发电机主要的联接方式。

3.3.2　避振装置

一般机组都有一定的隔振圈、垫。对于质量较大的固定安装机组，机组与机房的隔振可以采用质量隔振原理，制造一个大于发电机组质量 4 倍的刚性基础，机组安装在基础之上，在基础四周采用隔振沟、底部用 10cm 厚的煤渣、沥青、油毛毡等减振材料减振降噪。

3.4　散热器

散热器冷却系统的一个重要好处就是它是独立的，可避免由于供电或供水中断而引起的靠公共供水冷却的发电机不能工作。散热器可分为两种类型：带有冷却风扇的散热器和由外置风扇、驱动轮和可调皮带张紧轮组成的散热器。前者通常安装于柴油机组的机座上；而后者的安装则具有更大自由度。

3.5　排气管消声器和烟道

排烟系统由消声器、膨胀波纹管、吊杆、管道、管夹、联接法兰、抗热接头等部件组成。

排气噪声主要集中在中高频段 250Hz～4kHz，其中有两个峰值：500Hz 和 2kHz。常见的排气消声器有：有阻性消声器、抗性消声器和复合消声器三种。同时，为降低噪声干扰，需合理地选择进、排气道，减少压力脉动、涡流强度并避免发生共振。

3.6　燃料系统

燃料供给由燃油箱、输油泵、滤清器等组成。柴油机工作时，输油泵从燃油箱吸取燃油，送至燃油滤清器。经滤清后进入喷油泵。燃油压力在喷油泵内被提高，按不同工况所需的供油量，经高压油管输送到喷油器，最后经喷油孔形成雾状喷入燃烧室。输油泵供应的多余燃油经燃油滤清器的回油管返回燃油箱，喷油器顶部回油管中流出的少量燃油亦流回至燃油箱中。

3.6.1　燃油箱

燃油箱的功用是储存燃油，一般用钢板冲压焊接而成。它的容量通常应能满足柴油机 8～10h 工作的需要。其内部通常用隔板分成数格，防止柴油在油箱内因受冲击产生泡沫，影响正常供油。

出油口位置应高于放油口，以使燃油中杂质沉淀于油箱底部。油箱顶部有加油口和通气孔，加油口处装有滤网，以保证油液清洁。通气孔用来保证油箱内部空间和大气相通，防止工作中因油面降低而造成的油箱内部气压下降，影响正常供油。此外，油箱上还装有油尺等油量测量装置。

3.6.2　输油泵

柴油泵的结构很多，常见的有：摆线转子式、叶片式和柱塞式等。其作用是将油箱内的油液提高到一定压力，以克服油液通过滤清器的阻力，保持连续不断地向喷油泵输送具有一定压力和流量的柴油。

3.6.3　燃油滤清器

燃油在储存、运输等过程中易混入杂质，如果杂质进入燃油系统各精密组件内，可造成零件磨损加剧，直至发生卡死现象，直接影响柴油机的正常工作。因此，燃油滤清器具有十分重要的作用。

依据其滤清效果，燃油滤清器可分为粗滤器和细滤器两大类。一般柴油机将这两种滤清器串联在燃油供给系统中。

其中，粗滤器安装在细滤器之前，只将燃油中较大的机械杂质（0.06～0.07mm 以上）过滤出来。有些柴油机不单独设置粗滤器，而是在燃油箱出口处加滤网，起到粗滤的作用。

细滤器的作用是将燃油中非常细微的杂质过滤出来，保证送往燃油系统的燃油不受污染。细滤器滤芯一般由毛毡、棉线、过滤纸等制成。

3.7　启动系统

内燃机在静止状态下，用外力推动曲轴，使内燃机开始运转的全过程，称为启动。完成启动所需的装置称为启动系统。常见的启动方法有四种：人力启动、发动机启动、压缩空气启动和辅助汽油机启动。

3.7.1 人力启动

对于 15kW 以下的小型柴油机，一般采用人力启动，通常用摇把、绳索等直接转动曲轴；有些四冲程内燃机则是通过凸轮轴增速转动曲轴。人力启动的柴油机必须设有减压机构。

3.7.2 电动机启动

现代高速柴油机通常采用由蓄电池供电的串激低压直流电动机作为启动机，其优点是结构紧凑、操作方便，并可远距离控制。启动机的功率一般为 0.6～10kW，电压为 12V 或 24V，电流在 200A 以上，且每次连续工作时间不得超过 15s。图 2-27 所示为 135 型柴油机电启动系统图。

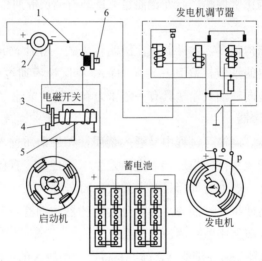

图 2-27 135 型柴油机电启动系统

1—启动开关；2—电流表；3—接触片；

4—吸动线圈；5—保持线圈；6—启动按钮

3.7.3 压缩空气启动

压缩空气启动有两种方法：一种是以空气分配器将压力为 3000～5000kPa 的高压空气，按照内燃机工作顺序送入各个气缸直接推动活塞使发动机启动；另一种是以压缩冷气驱动气马达，由气马达带动发动机启动。前者一般用于缸径为 150mm 的柴油机，后者启动装置可与电启动互相替换。

3.7.4　辅助汽油机启动

辅助汽油机启动方式常应用于工程机械、矿山机械及大中型拖拉机用柴油机。先用人力启动汽油机，再用汽油机通过传动机构启动柴油机。启动机的冷却系统与主机相通，启动机发动后，可对主机进行预热。此方法可保证柴油机在较低的环境温度下可靠地启动，且启动时间和次数不受限制。但是其传动机构较复杂，操作不方便，柴油机的总重和体积也增大。

3.8　启动电气设备

启动电气设备是内燃机的重要组成部分，它的功用是使内燃机获得必要的启动转速，并适时地给蓄电池充电。通常由蓄电池、充电发电机、调节器、发电机和电流表等组成。

3.8.1　调节器

调节器是把发电机输出电压控制在规定范围内的调节装置，作用是在发电机转速变化时，自动控制发电机电压，使其保持恒定，防止发电机电压过高而烧坏用电设备，导致蓄电池过量充电；或有效防止发电机电压过低而导致用电设备工作失常和蓄电池充电不足。

调节器分为直流发电机调节器和交流发电机调节器两种。前者由断流器、节拍器和节流器组成；后者大致可分为电磁振动式调节器和电子调节器两类。

3.8.2　蓄电池

蓄电池一般为铅板式，每只为 12V，由 6 个单格组成，主要作为启动电动机的直流电源。柴油机工作时由充电发电机向它充电，柴油机不工作时可用外接电源向其充电。

3.9　发动机加热器

电加热器采用 AC 380V 电源，结构简单，安装方便，可向柴油机的水、机油和燃油三个系统供热。冷却水是直接由电加热器加热的。而机油和燃油是以热交换器内的水为载热体，通过热交换进行循环加热的。

3.10　发电机组的控制和保护及其附属设备

DSE 550 控制器端子说明如表 2-4 所示。

DSE 550 控制器端子说明　　　　　　　　　　表 2-4

接线头号	说明	注释	功能
1	DC 电源输入（−Ve）		蓄电池负极
2	DC 电源输出（＋Ve）	保险容量最大 21A	蓄电池正极
3	紧急停电输入	电源＋Ve,提供燃油和启动输入,保险容量 32A	单极按钮,紧急时按下此钮,断开电源正极,此时停止供油,切断启动电动机
4,5	燃油、启动继电器输出	从 3 号端子输出＋Ve,额定容量 5A	从 3 号端子提供正电源,供燃油阀和启动电动机工作电压
6,7	辅助输出继电器 1,2	电源＋Ve,额定容量 5A	
8	充电失败输入/充电励磁输出	绝对不能连接到电压−Ve	向充电发电机提供励磁电源,同时作为充电失败检测电路的输入端
9～17	辅助输入 1～9	开关连接到电源−Ve	
18,19	辅助输出继电器 3,4	电源＋Ve,额定容量 5A	
20	电磁传感器输入（＋Ve）	连接到电磁传感器	检测转速的交流信号
21	电磁传感器输出（−Ve）		
22	机油压力输入	连接到机油压力传感器	连接到电阻型机油压力传感器
23	冷却液温度输入	连接到冷却液温度传感器	连接到电阻型冷却液温度传感器
24	传感器公共回路	连接到传感器回路	
25～27	CT 次级 L1,L2,L3	连接到 L1,L2,L3 电流互感器次级	
28	CT 次级公共端	连接到电流互感器次级	
29	中线 CT 次级	连接到所有电流互感器次级和地	
30	接地功能	连接到良好接地端	确认连接到干净、接地良好的接地端
31～33	L1,L2,L3 电压输入	连接到发电机 L1,L2,L3 输出,2A 保险	
34	中线输入	连接到发电机中线输出（AC）	

注: 控制器背面有三个插头, 插头 A（1～13）有 13 个接线端子, 插头 B（14～30）有 17 个接线端子, 插头 C（31～34）有 4 个接线端子。

3.11　控制屏

图 2-28 所示为 DSE 550 控制器的控制屏，应具有检测、控制、警报等功能。控制屏为微电脑控制，带液晶数字显示屏，应能承受机械、电气振动，电和热应力及在正常运行情况下可能遭受的湿度影响。且须具有防电磁波干扰、具有故障储存、实时报警和系统自诊断功能。配有保护装置以避免控制电路短路所引起的后果。

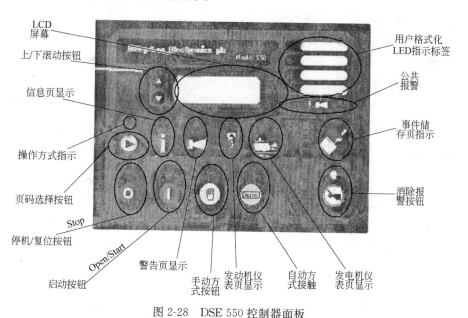

图 2-28　DSE 550 控制器面板

3.12　控制屏监控信号

监控信号包括运行状态、故障报警、油位显示、油温、油压等参数，须透过相应的控制器，利用 RS 485 或 RS 232 通信接口与变配电自动监控系统交接。

3.13　系统操作和运行特性

柴油发电机组系统是重要的供电设备，其启动必须在空载下进行。此外，操作程序、操作顺序和操作方法都有严格的规定。

1. 发电机启动时，应按下列规定进行：

（1）启动前将离合器手柄置于断开位置；

（2）减压手柄置于减压状态；

（3）打开油门；

（4）接通电源，每次接通电源时间不得超过 5～6s；

（5）启动失效重新启动时，其间歇接通电源时间不得少于 30s；连续启动 3～4 次无效时，不得再强行起动，应进行检查；

（6）启动后，立即断开电动机的电源。在充电发电机和蓄电池之间，必须安装继电器和电流表以便观察电路工作情况，保证蓄电池的正常充电。

2. 柴油机的运转与维护应遵守下列规定：

（1）柴油机启动后，应先低速运转 5～10min，倾听机器有无异响，观察各种指示仪表是否正常，待机身温度上升至 40℃左右，逐渐提高转速再带负荷；

（2）新的或经大、中修的柴油机，应在降低额定转速和负荷下走合 50h，经检查并更换润滑油后，逐步提高转速和增加负荷走合 100h，然后再更换一次润滑油转为正常运转；

（3）运转中注意润滑系统的工作和油压是否正常，无压力表或压力表失灵时，应及时配置或更换；

（4）维持冷却水的正常循环，如冷却水因故中断，应立即停车检查；当机身温度较高时，严禁骤加冷水，以防爆裂；禁止在冷却水箱内洗手、洗澡和洗衣物；

（5）运转中应倾听有无杂音异响，并观察排气烟色及各部有无漏水、漏油和漏气现象，如发现异状应立即停车检查和排除；

（6）检查电气系统充电直流发电机、继电器和蓄电池充电工作情况，如有故障应予排除；蓄电池外部应经常保持清洁，其盖上出气孔不得堵塞，蓄电池上严禁放置金属工具，蓄电池端子应用镀铅夹子紧密连接，避免引起爆炸事故。

3. 柴油机停车操作与维护应遵守下列规定：

（1）正常停车应先卸支负荷，然后低速空转 3～5min 再停车；如遇

"飞车"，应立即切断进气通路和高压油路作紧急停车处理；

（2）如停车时间超过两个月，应进行油封防锈处理，并妥为保管；蓄电池应充电后置于气温不低于 0℃ 的地方；半年以上不用的蓄电池则应充电后倒出电液干燥存放。

3.14　接地

发电机组外壳必须有可靠的保护接地，对需要有中性点直接接地的发电机，则必须由专业人员进行中性接地，并配置防雷装置，严禁利用市电的接地装置进行中性点直接接地。

3.15　机房噪声控制

机房墙体砌筑时，要求灰缝填实，饱满，不留空洞、缝隙，内墙面的粉刷，表面不宜致密光滑，粉刷材料中掺入一定量有吸声功效的多孔性材料。四周、顶棚、地面用吸声材料并覆盖金属隔声孔板。机房与操作间用隔墙隔开，隔墙上开挖两层玻璃的观察窗。玻璃用 6mm 以上的浮法玻璃，内存玻璃间隔不小于 80mm，面向机房的内层玻璃略向地倾斜，使噪声反射向地面。玻璃、窗、墙之间的接缝要严实。

第3篇 制造标准摘录[①]

第1章 《往复式内燃机驱动的交流发电机组第1部分：用途、定额和性能》 GB/T 2820.1—2009 部分原文摘录

3 符号和缩写

表1 本标准所使用的符号和缩写的解释见表1。

表1 符号和缩写

符号或缩写	术 语	单 位	符号或缩写	术 语	单 位
P	功率	kW	T_{or}	增压中冷介质温度	K
P_{pp}	允许平均功率	kW	T_r	大气温度	K
P_{pa}	实际平均功率	kW	t	时间	s
ϕ	功率因数		COP	持续功率	kW
ϕ_r	相对湿度	%	PRP	基本功率	kW
a. c.	交流		LTP	限时运行功率	kW
P_t	总大气压力	kPa	ESP	应急备用功率	kW

6.3.1 总则

发电机组可有以下两种运行方式：

a) 单机运行

单机运行是指不考虑其启动和控制设备的配置或模式，或无其他电源同时供电，发电机组作为唯一的电源运行。

b) 并联运行

---

① 本篇中变换字体部分均为摘录的相关标准原文。

并联运行是指一台发电机组与具有相同电压、频率和相位的其他电源的电气连接，共同分担连接网络的供电需求。包括电压范围及其变化、频率、网路阻抗在内的常用市电特性应由用户说明。

6.3.2　发电机组并联运行

在这种运行方式下：两台或多台发电机组在牵入同步后进行电气连接（而非机械连接）。可使用具有不同输出和转速的发电机组。

6.5　启动时间

6.5.1　总则

启动时间是指从开始要求供电瞬间起，至获得供电瞬间止的时间。启动时间通常规定在几秒内。启动时间应满足发电机组的具体用途。

7　性能等级

为了覆盖各供电系统的不同要求，定义了如下4种性能等级：

a）G1 级

这一级适用的发电机组用途是：只需规定其基本的电压和频率参数的连接负载。

实例：一般用途（照明和其他简单的电气负载）。

b）G2 级

这一级适用的发电机组用途是：其电压特性与公用电力系统的非常类似。当负载发生变化时，可有暂时的然而是允许的电压和频率的偏差。

实例：照明系统；泵、风机和卷扬机。

c）G3 级

这一级适用的发电机组用途是：连接的设备对发电机组的频率、电压和波形特性有严格的要求。

实例：电信负载和晶闸管控制的负载。应认识到，整流器和晶闸管控制的负载对发电机电压波形的影响需要特殊考虑。

d）G4 级

这一级适用的发电机组用途是：对发电机组的频率、电压和波形特性有特别严格要求的负载。

实例：数据处理设备或计算机系统。

8.4 安装型式

发电机组的安装型式应由用户和发电机组制造商商定。典型的安装形式如下：

a）刚性安装

在这种安装型式中：发电机组安装在刚性底架上。若安装发电机组的底架固定在无弹性层嵌入的低弹性衬底（如软木垫块）上，则认为这种安装方法是刚性的。

b）弹性安装

在这种安装型式中：机组安装在弹性底座上，根据其特性可以部分隔离振动。对于特殊用途（例如船用或移动式），可能要求限制弹性安装。

1）全弹性安装

在这种安装型式中：根据用户和制造商商定，发电机组安装在带有底架的基础或基座上，可隔离较强的振动。

2）半弹性安装

在这种安装型式中：往复式内燃（RIC）机弹性而发电机刚性安装在基座或基础上。

3）安装在弹性基础

在这种安装型式中：发电机组安装在弹性基础（减振块）上，机组与承载基础隔离（如用抗振架）。

8.5.2 联轴器结构

典型的联轴器结构有：刚性、扭转刚性、挠性、扭转挠性或离合器。

13.3.1 持续功率（COP）

持续功率定义为：在商定的运行条件下并按制造商规定的维修间隔和方法实施维护保养，发电机组每年运行时间不受限制地为恒定负载持续供电的最大功率（见图1）。

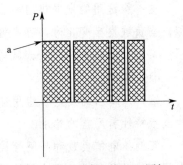

图1 持续功率（COP）图解

t—时间；P—功率；

a 持续功率（100%）。

13.3.2　基本功率（PRP）

基本功率定义为：在商定的运行条件下并按制造商规定的维修间隔和方法实施维护保养，发电机组能每年运行时间不受限制地为可变负载持续供电的最大功率（见图2）。

在24h周期内的允许平均输出功率（P_{pp}）应不大于PRP的70%，除非往复式内燃（RIC）机制造商另有规定。

注：当要求允许的P_{pp}大于规定值时，可使用持续功率（COP）。

当确定某一变化的功率序列的实际平均输出功率P_{pa}（见图2）时，小于30%PRP的功率应视为30%，且停机时间应不计。

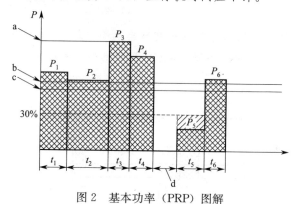

图2　基本功率（PRP）图解

t—时间；P—功率；[a]基本功率（100%）；[b]24h内允许的平均功率（P_{pp}）；

[c]24h内实际的平均功率（P_{pa}）；[d]停机。

注：$t_1+t_2+t_3\cdots+t_n=24h$。

实际平均功率（P_{pa}）按下式计算：

$$P_{pa}=\frac{P_1t_1+P_2t_2+P_3t_3+\cdots+P_nt_n}{t_1+t_2+t_3+\cdots+t_n}=\frac{\sum\limits_{i=1}^{n}P_it_i}{\sum\limits_{i=1}^{n}t_i}$$

式中：

P_1，P_2，$\cdots$，P_i—时间t_1，t_2，$\cdots$，t_i时的功率。

13.3.3　限时运行功率（LTP）

限时运行功率定义为：在商定的运行条件下并按制造商规定的维修间

隔和方法实施维护保养，发电机组每年供电达 500h 的最大功率（见图 3）。

注： 按 100％限时运行功率（LTP）每年运行时间最多不超过 500h。

13.3.4 应急备用功率（ESP）

应急备用功率定义为：在商定的运行条件下并按制造商规定的维修间隔和方法实施维护保养，当公共电网出现故障或在试验条件下，发电机组每年运行达 200h 的某一可变功率系列中的最大功率（见图 4）。

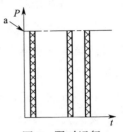

图 3　限时运行功率（LTP）图解

t—时间；P—功率；
a 限时运行功率（100％）。

在 24h 的运行周期内允许的平均输出功率（P_{pp}）（见图 4）应不大于 ESP 的 70％，除非往复式内燃（RIC）机制造商另有规定。

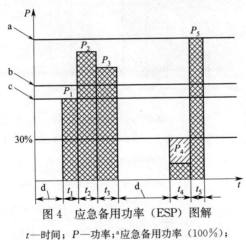

图 4　应急备用功率（ESP）图解

t—时间；P—功率；a 应急备用功率（100％）；

b 24h 内允许的平均功率（P_{pp}）；

c 24h 内实际的平均功率（P_{pa}）；d 停机。

注：$t_1 + t_2 + t_3 + \cdots + t_n = 24h$。

实际的平均输出功率（P_{pa}）应低于或等于定义 ESP 的平均允许输出功率（P_{pp}）。

当确定某一可变功率序列的实际平均输出功率（P_{pa}）时，小于 30％ ESP 的功率应视为 30％，且停机时间应不计。

实际的平均功率（P_{pa}）按下式计算：

$$P_{pa}=\frac{P_1 t_1+P_2 t_2+P_3 t_3+\cdots+P_n t_n}{t_1+t_2+t_3+\cdots+t_n}=\frac{\sum_{i=1}^{n}P_i t_i}{\sum_{i=1}^{n}t_i}$$

式中：

P_1，P_2，$\cdots$，P_i——时间 t_1，t_2，$\cdots$，t_i 时的功率。

第 2 章　《往复式内燃机驱动的交流发电机组　第 2 部分：发动机》GB/T 2080.2—2009 部分原文摘录

3　符号、术语和定义

本部分所使用的符号和缩写的解释见表 1。

表 1　符号、术语和定义

符号	术语	单位	定义
n	发动机转速	r/min	—
n_r	标定转速	r/min	标定功率时对应发电机组额定频率的发动机转速
n_{sf}	着火转速	r/min	使用与发动机燃油供给系统脱离的外部能源将发动机从静止加速至自行运转之前的发动机转速
n_{max}	最高允许转速	r/min	由往复式内燃(RIC)机制造厂规定、低于极限转速一定安全量的发动机转速 （见注 1 和图 3）
n_a	部分负荷转速	r/min	发动机以其标定功率的 $a\%$ 运行的稳态发动机转速： $a=100\times\dfrac{P_a}{P_r}$ 例如，在 45% 额定功率时， $a=45$(见图 2) 对于 $a=45$ $n_a=n_{i,r}-\dfrac{P_a}{P_r}(n_{i,r}-n_r)$ $=n_{i,r}-0.45(n_{i,r}-n_r)$ 标定转速和部分负荷转速的相应值均以转速整定不变为基础

表1(续)

符号	术语	单位	定义
$n_{i,r}$	标定空载转速	r/min	按与标定转速 n_r 相同的转速整定时发动机空载时的稳态转速
$n_{i,min}$	最低可调空载转速	r/min	在空载时用调速器转速整定装置可得到的发动机最低稳态转速
$n_{i,max}$	最高可调空载转速	r/min	在空载时用调速器转速整定装置可得到的发动机最高稳态转速
$n_{d,s}$	过速度限制装置整定转速	r/min	超过该转速时将触发过速度限制装置的发动机转速(见图3)
$n_{d,o}$	过速度限制装置工作转速	r/min	对给定的整定转速,过速度限制装置开始工作时的发动机转速(见注2和图3)
δn_s	相对的转速整定范围	%	用标定转速的百分数表示的转速整定范围: $\delta n_s = \dfrac{n_{i,max} - n_{i,min}}{n_r} \times 100$
Δn_s	转速整定范围	r/min	最高和最低可调空载转速之间的范围: $\Delta n_s = n_{i,max} - n_{i,min}$
$\Delta n_{s,do}$	转速整定下降围	r/min	标定空载转速的最低可调空载转速之间的范围: $\Delta n_{s,do} = n_{i,r} - n_{i,min}$
$\delta n_{s,do}$	相对的转速整定下降范围	%	用标定转速的百分数表示的转速整定下降范围: $\delta n_{s,do} = \dfrac{n_{i,r} - n_{i,min}}{n_r} \times 100$
$\Delta n_{s,up}$	转速整定上升范围	r/min	最高可调空载转速和标定空载转速之间的范围: $\Delta n_{s,up} = n_{i,max} - n_{i,r}$
$\delta n_{a,up}$	相对的转速整定上升范围	%	用标定转速的百分数表示的转速整定上升范围: $\delta n_{s,up} = \dfrac{n_{i,max} - n_{i,f}}{n_r} \times 100$
v_n	转速整定变化速率	%/s	在远距离控制下,以百分数表示的每秒相对的转速整定范围: $v_n = \dfrac{(n_{i,max} - n_{i,min})/n_i}{t} \times 100$
	调节范围	r/min	过速调节装置可调的速度范围
$\delta n_{s,t}$	转速降	%	转速整定值不变时,标定空载转速和标定功率时的标定转速之间的差值(见图1),用标定转速的百分数表示: $\delta n_{s,t} = \dfrac{n_{i,r} - n_r}{n_r} \times 100$
$\triangle\delta n_{s,t}$	转速/功率特性偏差	%	在空载和标定功率之间的功率范围内,将偏离线性转速/功率特性曲线的最大转速偏差用标定转速的某一百分数表示的相对偏差(见图2)
	转速/功率特性曲线		在空载和标定功率之间的功率范围内,绘制的复式内燃(RIC)机功率对稳态转速的曲线(见图1和图2)

表1(续)

符号	术语	单位	定义
P	发动机功率	kW	—
P_a	发动机实际功率	kW	—
P_r	发动机标定功率	kW	—
t_r	响应时间	s	从过速限制装置触发至其开始运行之间的时间
p_{me}	平均有效压力	kPa	—
V_{st}	发动机工作容积	l	—

注1：极限转速是指发动机能承受的无损坏风险的最高计算转速。

注2：对于指定的发动机，工作转速取决于发电机组的总惯量和过速度保护系统的设计。

注3：100kPa＝1bar。

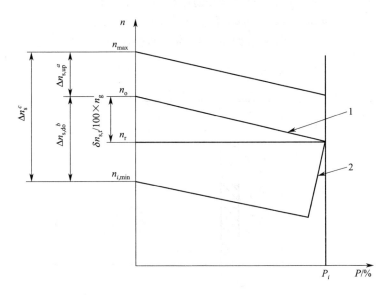

图1 转速/功率特性，转速整定范围

P—发动机功率；n—发动机转速；1—转度/功率特性曲线；2—功率限值。

a 转速整定上升范围；b 转速整定下降范围；c 转速整定范围。

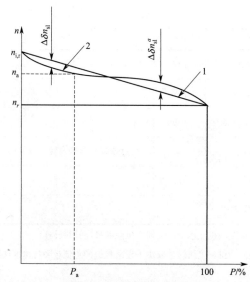

图 2 与线性曲线的转速/功率特性偏差

P—发动机功率；n—发动机转速；1—线性转速/功率特性线性曲线；

2—转速/功率特性曲线。[a] 转速/功率特性偏差。

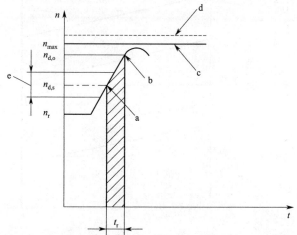

图 3 发动机过速典型速度曲线

t—时间；n—发动机转速。[a]过速限值装置整定转速；

[b] 过速限值装置工作转速；[c]最大允许转速；[d]极限转速；[e]调整范围。

5.1.2 ISO 标准功率

往复式内燃（RIC）机的功率应由发动机制造商按 GB/T 6072.1—

2008 的规定标定。

5.1.3 使用功率

在现场条件下驱动交流（a.c.）发电机和（连接/安装的）基本独立辅助设备（见 GB/T 6072.1—2008）发电机组输出额定电功率的具体场合，所要求往复式内燃（RIC）机的输出功率（见 GB/T 2820.1—2009）应根据 GB/T 6072.1—2008 的要求确定。

为确保给连接负载的连续供电，要求从驱动交流（a.c.）发电机的往复式内燃（RIC）机输出的实际功率应不大于其使用功率。

6.2 发电机组用调速器类型

6.2.1 比例（P）调速器

对与负荷相关的转速变化按比例校正控制信号的调速器。电气负载的变化仍会引起往复式内燃（RIC）机稳态转速的变化。

6.2.2 比例积分（PI）调速器

交流（a.c.）发电机电气负载的变化引起往复式内燃（RIC）机与负荷有关的转速变化，比例（P）调速器按比例对往复式内燃（RIC）机施加校正控制信号。并且加入积分调节环节校正转速变化。若使用这种类型的调速器，负荷的变化通常不会引起转速变化（进一步改善发动机的稳态特性）。为使发电机组有可能并联运行，若未提供另外的分配负荷调节装置，PI 调速器也能像 P 调速器一样实现并联。

6.2.3 比例积分微分调速器（PID）

这是增加了作为转速变化率函数的校正控制信号（微分功能）的 PI 调速器。若使用这种类型的调速器，负荷的变化通常不会引起转速变化（改善发动机的瞬态特性）。为使发电机组能并联运行，若未提供另外的负荷分配调节装置，PID 调速器也能像 P 调速器一样实现并联。

第 3 章　《往复式内燃机驱动的交流发电机组　第 3 部分：发电机组用交流发电机》GB/T 2820.3—2009 部分原文摘录

3　符号、术语和定义

在标示电气设备的技术数据时，IE 采用术语"额定的"加下标"N"

表示。在标示机械设备的技术数据时，ISO 采用术语"标定的"加下标"r"表示。因此，在本部分中，术语"额定的"仅适用于电气项目。否则，全部采用术语"标定的"。

本标准所使用的符号和缩写词的解释见表1。

表1　符号、术语和定义

符号	术语	单位	定义
U_s	整定电压	V	就限定运行由调节选定的线对线电压
$U_{st,max}$	最高稳态电压	V	（见 GB/T 2820.5—2009）
$U_{st,min}$	最低稳态电压	V	（见 GB/T 2820.5—2009）
U_r	额定电压	V	在额定频率和额定输出时发电机端子处的线对线电压 注：额定电压是按运行和性能特性由制造商给定的电压。
U_{rec}	恢复电压	V	在规定负载条件能达到的最高稳态电压 注：恢复电压一般用额定电压的百分数表示。它通常处在稳态电压容差带（ΔU）内，当超过额定负载时，恢复电压受饱和度和励磁机/调节器磁场强励能力的限制（见图 A.1 和图 A.2）。
$u_{s,do}$	下降调节电压	V	（见 GB/T 2820.5—2009）
$U_{s,up}$	上升调节电压	V	（见 GB/T 2820.5—2009）
U_0	空载电压	V	额定频率和空载时在发电机端子处的线对线电压
$U_{dyn,max}$	负载减少时上升的最高瞬时电压	V	—
$U_{dyn,min}$	负载增加时下降的最低瞬时电压	V	—
ΔU	稳态电压容差带	V	在突加/突减规定负载后的给定调节周期内，电压所达到的围绕稳态电压的商定电压带： $$\Delta U = 2\delta U_{st} \times \frac{U_r}{100}$$
ΔU_s	电压整定范围	V	在空载与额定输出之间的所有负载、商定的功率因数范围内，额定频率下，发电机端子处电压调节的上升和下降的最大可能范围： $$\Delta U_s = \Delta U_{s,up} + U_{s,do}$$
$\Delta U_{s,do}$	电压整定下降范围	V	在空载与额定输出之间的所有负载、商定的功率因数范围内、额定频率下，发电机端子处额定电压与下降调节电压之间的范围： $$\Delta U_{s,do} = U_r - U_{s,do}$$
$\Delta U_{s,up}$	电压整定上升范围	V	在空载与额定输出之间的所有负载、商定的功率因数范围内，额定频率下，发电机端子处上升调节电压与额定电压之间的范围： $$\Delta U_{s,up} = U_{s,up} - U_r$$

表1(续)

符号	术语	单位	定义
δU_{dyn}	瞬态电压偏差	V	—
δU_{dyn}^-	负载增加时的瞬态电压偏差[a]	%	负载增加时的瞬态电压偏差是指:当发电机在正常励磁条件下以额定频率和额定电压工作,接通额定负载后的电压降,用额定电压的百分数表示: $$\delta U_{dyn}^- = \frac{U_{dyn,min} - U_r}{U_r} \times 100$$
δU_{dyn}^+	负载减少时的瞬态电压偏差[a]	%	负载减少时的瞬态电压偏差是指:当发电机在正常励磁条件下以额定频率和额定电压工作,突然卸去额定负载后的电压升,用额定电压的百分数表示: $$\delta U_{dyn}^+ = \frac{U_{dyn,max} - U_r}{U_r} \times 100$$ 若负载变化量与上述规定值不同,则应说明其规定值及相关的功率因数
δU_s	相对的电压整定范围	%	用额定电压的百分数表示的电压整定范围: $$\delta U_s = \frac{U_{s,up} + U_{s,do}}{U_r} \times 100$$
$\delta U_{s,do}$	相对的电压整定下降范围	%	用额定电压的百分数表示的电压整定下降范围: $$\delta U_{s,do} = \frac{U_r - U_{s,do}}{U_r} \times 100$$
$\delta U_{s,up}$	相对的电压整定上升范围	%	用额定电压的百分数表示的电压整定上升范围: $$\delta U_{s,up} = \frac{U_{s,up} - U_r}{U_r} \times 100$$
δU_{st}	稳态电压偏差	%	考虑到温升的影响,但不考虑交轴电流补偿电压降的作用,在空载与额定输出之间的所有负载变化下的稳态电压变化。 注:初始整定电压通常为额定电压,但也可以是处在规定 ΔU_s 范围之内的任何值。 稳态电压偏差用额定电压的百分数表示: $$\delta U_{st} = \pm \frac{U_{st,max} - U_{st,min}}{2U_r} \times 100$$
$\hat{U}_{mod,s,max}$	电压调制最高峰值	V	围绕稳态电压的准周期最大电压变化(峰对峰)
$\hat{U}_{mod,s,min}$	电压调制最低峰值	V	围绕稳态电压的准周期最小电压变化(峰对峰)
$\hat{U}_{mod,s}$	电压调制	%	在低于基本发电频率的典型频率下围绕稳态电压的准周期最大电压变化(峰对峰),用额定频率和恒定转速时平均峰值电压的百分数表示: $$\hat{U}_{mod,s} = 2\frac{\hat{U}_{mod,s,max} - \hat{U}_{mod,s,min}}{\hat{U}_{mod,s,max} + \hat{U}_{mod,s,min}} \times 100$$

表1(续)

符号	术语	单位	定义
$\delta U_{2,0}$	电压不平衡度	%	空载下的负序或零序电压分量对正序电压分量的比值。电压不平衡度用额定电压的百分数表示
—	电压调整特性		在给定功率因数及额定转速的稳态条件下,不对电压调节系统作任何手动调节,作为负载电流函数的端电压曲线
δ_{QCC}	交轴电流补偿电压程度		—
$s_{r,G}$	异步发电机的额定转差率		发电机组输出额定有功功率时,同步转速和转子的额定转速之差比上同步转速: $$s_{r,G} = \frac{(f_r/p) - n_{r,G}}{f_r/p}$$
f_r	额定频率	Hz	—
p	极对数		—
$n_{r,G}$	发电机旋转的额定转速	r/min	发电机发出额定频率电压所需的转速 注:对于同步发电机,$n_{r,G} = \dfrac{f_r}{p} \times 60$ 对于异步发电机,$n_{r,G} = \dfrac{f_r}{p}(1 - s_{r,G}) \times 60$
S_r	额定输出(额定视在功率)	VA	功率数值或其10的倍数连同功率因数一起表示的端子处视在电功率
P_r	额定有功功率	W	额定视在功率或其10的倍数与额定功率因数的乘积 $$P_r = S_r \cos\phi_r$$
$\cos\phi_r$	额定功率因数	—	额定有功功率与额定视在功率的比值 $$\cos\phi_r = \frac{P_r}{S_r}$$
Q_r	额定无功功率	var	额定视在功率与额定有功功率或其10的倍数之间的几何差 $$Q_r = \sqrt{S_r^2 - P_r^2}$$
$t_{U,in}$	负载增加后的电压恢复时间[b]	s	从负载增加瞬时至电压恢复到并保持在规定的稳态电压容差带内瞬时止的间隔时间(见图A.1和图A.3)。该时间间隔适用于恒定转速且取决于功率因数,若负载变化值不同于额定视在功率,应说明功率变化值与功率因数
$t_{U,dc}$	负载减少后的电压恢复时间	s	从负载减少瞬时至电压恢复到并保持在规定的稳态电压容差带内瞬时止的间隔时间(见图A.2)。该时间间隔适用于恒定转速且取决于功率因数,若负载变化值不同于额定视在功率,应说明功率变化值与功率因数
I_L	负载引起的有功电流	A	—
T_L	相对的预期热寿命因数		—
a 详见附录A。			
b 见GB/T 2820.5—2009 图5。			

13　运行极限值

表 3　为了描述发电机的特性，定义了四个性能等级（见 GB/T 2820. 1—2009）。运行极限值在表 3 中给出。

表 3　发电机运行限值

术　语	符号	单位	运行限值			
			性能等级			
			G1	G2	G3	G4
相对的电压整定范围	δU_s	．%	≥±5[a]			AMC[b]
稳态电压偏差	δU_{st}	%	≤±5	≤±2.5	≤±1	AMC
负载增加时的瞬态电压偏差[c,d,e]	δU^-_{dyn}	%/s	≤−25	≤−20	≤−15	AMC
负载减少时的瞬态电压偏差[c,d,e]	δU^+_{dyn}	%	≤35	≤25	≤20	AMC
电压恢复时间[c,d]	t_U	s	≤2.5	≤1.5	≤1.5	AMC
电压不平衡度	$\delta U_{2,0}$	%	1[f]	1[f]	1[f]	1[f]

　a　若不并联运行或电压整定不变，则不要求。
　b　AMC:为按制造商和用户之间的协议。
　c　在额定电压、额定频率、恒定阻抗负载下的额定视在功率。其他功率因数和限值可由制造商和用户商定。
　d　应该意识到，选择低于实际需要等级的瞬态电压偏差和/或恢复时间，就得用更大的发电机。因为瞬态电压特性与瞬时电抗之间有相当一致的关系，系统的故障度也将增加。
　e　较高的指标值适用于额定输出高于 5MVA，转速 600r/min 以下的发电机。
　f　并联运行时，这些数值减小为 0.5。

表 3 中给出的值仅适用于恒定（额定）转速下和从环境温度（冷态）开始运行的发电机、励磁机和调节器。原动机转速调整的影响可导致这些指标值偏离表 3 中给出的值。

第 4 章　《往复式内燃机驱动的交流发电机组第 5 部分：发电机组》GB/T 2820. 5—2009 部分原文摘录

3　符号、术语和定义

在标示电气设备的技术数据时，IEC 采用术语"额定的"加下标"N"

表示。在标示机械设备的技术数据时，ISO采用术语"标定的"加下标"r"表示。因此，在本部分中，术语"额定的"仅适用于电气项目。否则，全部采用术语"标定的"。

本标准所使用的符号和缩写词的解释见表1。

表1 符号、术语和定义

符号	术 语	单位	定 义
f	频率	Hz	—
$f_{d,max}$	最大瞬态频率上升（上冲频率）	Hz	从较高功率突变到较低功率时出现的最高频率 注：与GB/T 6072.4—2000中的符号不同。
$f_{d,min}$	最大瞬态频率下降（下冲频率）	Hz	从较低功率突变到较高功率时出现的最低频率 注：与GB/T 6072.4—2000中的符号不同。
f_{do}^a	过频率限制装置的工作频率	Hz	在整定频率一定时，过频率限制装置启动运行时的频率
f_{ds}	过频率限制装置的整定频率	Hz	超过该值时将触发过频率限制装置的发电机组频率 注：在实践中，用确定的允许过频值代替整定频率值（也见GB/T 2820.2—2009表1）。
f_i	空载频率	Hz	—
$f_{i,r}$	额定空载频率	Hz	—
f_{max}^b	最高允许频率	Hz	由发电机组制造商规定、低于频率极值一定安全量的频率
f_r	标定频率（额定频率）	Hz	—
$f_{i,max}$	最高空载频率	Hz	—
$f_{i,min}$	最低空载频率	Hz	—
f_{arb}	实际功率时的频率	Hz	—
$\hat{f}$	频率波动范围	Hz	—
I_k	持续短路电流	A	—
t	时间	s	—
t_a	总停机时间	s	从发出停机命令到发电机组完全停止的间隔时间： $$t_a=t_i+t_c+t_d$$
t_b	加载准备时间	s	在考虑了给定的频率和电压容差后，从发出启动命令到准备提供约定功率的间隔时间： $$t_b=t_p+t_g$$
t_c	卸载运行时间	s	从卸载到给出发电机组停机信号的间隔时间。即常说的"冷却运行时间"

表 1(续)

符号	术语	单位	定义
t_d	停转时间	s	从给出发电机组停机信号到发电机组完全停止的间隔时间
t_e	加载时间	s	从发出启动命令到施加约定负载的间隔时间：$$t_e = t_p + t_g + t_s$$
$t_{f,de}$	负载减少后的频率恢复时间	s	在规定的负载突减后，从频率离开稳态频率带至其永久地重新进入规定的稳态频率容差带之间的间隔时间(见图 4)
$t_{f,in}$	负载增加后的频率恢复时间	s	在规定的负载突加后，从频率离开稳态频率带至其永久地重新进入规定的稳态频率容差带之间的间隔时间(见图 4)
t_g	总升转时间	s	在考虑了给定的频率和电压容差后，从开始转动到做好准备供给约定功率止的间隔时间
t_h	升转时间	s	从开始转动至首次达到标定转速止的间隔时间
t_i	带载运行时间	s	从给出停机指令至断开负载止的间隔时间(自动化机组)
t_p	启动准备时间	s	从发出启动指令至开始转动的间隔时间
t_s	负载切换时间	s	从准备加入约定负载至该负载已连接止的间隔时间
t_u	中断时间	s	从初始启动要求的出现起至投入约定负载止的间隔时间：$$t_u = t_v + t_p + t_g + t_s = t_v + t_e$$注 1：该时间对自动启动的发电组应专门加以考虑(见第 11 章)。注 2：恢复时间(ISO 8528-12:1997)为中断时间的特例。
$t_{U,de}$	负载减少后的电压恢复时间	s	从负载减少瞬时至电压恢复到并保持在规定的稳态电压容差带内瞬时止的间隔时间(见图 5)
$t_{U,in}$	负载增加后的电压恢复时间	s	从负载增加瞬时至电压恢复到并保持在规定的稳态电压容差带内瞬时止的间隔时间(见图 5)
t_v	启动延迟时间	s	从初始启动要求的出现至有启动指令(尤其对自动启动的发电机组)止的间隔时间。该时间不取决于所采用的发电机组。该时间的精确值由用户负责确定，或有要求时按立法管理机构的专门要求确定。例如，该时间应可保证在出现非常短暂的电网故障时避免启动
t_x	发动时间	s	从开始转动至达到发动机发火转速止的间隔时间
t_0	预润滑时间	s	对某些发动机,在开始发动之前为保证建立润滑油压力所要求的时间。对通常不要预润滑的小型发电机组,该时间一般为零

表1(续)

符号	术　语	单位	定　义
v_f	频率整定变化速率		在远程控制条件下,用每秒相对的频率整定范围的百分数来表示频率整定变化速率: $$v_f = \frac{(f_{i,\max} - f_{i,\min})/f_r}{t} \times 100$$
v_u	电压整定变化速率		在远程控制条件下,用每秒相对的电压整定范围的百分数来表示电压整定变化速率: $$v_u = \frac{(U_{s,up} - U_{s,do})/U_r}{t} \times 100$$
$U_{s,do}$	下降调节电压	V	—
$U_{s,up}$	上升调节电压	V	—
U_r	额定电压	V	在额定频率和额定输出时发电机端子处的线对线电压 注:额定电压是按运行和性能特性由制造商给定的电压
U_{rec}	恢复电压	V	在规定负载条件能达到的最高稳态电压 注:恢复电压一般用额定电压的百分数表示。它通常处在稳态电压容差带(ΔU)内。当超过额定负载时,恢复电压受饱和度和励磁机/调节器磁场强励能力的限制(见图5)
U_s	整定电压	V	就限定运行由调节选定的线对线电压
$U_{st,max}$	最高稳态电压	V	考虑到温升的影响,在空载与额定输出之间的所有功率、额定频率及规定功率因数的稳态条件下的最高电压
$U_{st,min}$	最低稳态电压	V	考虑到温升的影响,在空载与额定输出之间的所有功率、额定频率及规定功率因数的稳态条件下的最低电压
U_0	空载电压	V	额定频率和空载时在发电机端子处的线对线电压
$U_{dyn,max}$	负载减少时上升的最高瞬时电压	V	从较高负载突变到较低负载时出现的最高电压
$U_{dyn,min}$	负载增加时下降的最低瞬时电压	V	从较低负载突变到较高负载时出现的最低电压
$\dot{U}_{max,s}$	整定电压最高峰值	V	—
$\dot{U}_{min,s}$	整定电压最低峰值	V	—

表1(续)

符号	术语	单位	定义
$\dot{U}_{\text{mean,s}}$	整定电压最高峰值和最低峰值的平均值	V	—
$\dot{U}_{\text{mod,s}}$	电压调制	%	在低于基本发电频率的典型频率下,围绕稳态电压的准周期电压波动(峰对峰),用额定频率和恒定转速时平均峰值电压的百分数表示: $$\dot{U}_{\text{mod,s}} = 2\frac{\dot{U}_{\text{mod,s,max}} - \dot{U}_{\text{mod,s,min}}}{\dot{U}_{\text{mod,s,max}} + \dot{U}_{\text{mod,s,min}}} \times 100$$ 注1:这可能是由调节器、循环不均匀度或间断负载引起的循环或随机的扰动。 注2:灯光闪烁是电压调制的1个特例(见图11和图12)。
$\dot{U}_{\text{mod,s,max}}$	电压调制最高峰值	V	围绕稳态电压的准周期最大电压变化(峰对峰)
$\dot{U}_{\text{mod,s,min}}$	电压调制最低峰值	V	围绕稳态电压的准周期最小电压变化(峰对峰)
$\dot{U}$	电压振荡宽度	V	—
Δf_{neg}	对线性曲线的下降频率偏差	Hz	—
Δf_{pos}	对线性曲线的上升频率偏差	Hz	—
Δf	稳态频率容差带	—	在负载增加或减少后的给定调速周期内,频率达到的围绕稳态频率的约定频率带
Δf_{c}	对线性曲线的最大频率偏差	Hz	在空载和额定负载间,Δf_{neg} 和 Δf_{pos} 的较大者(见图2)
Δf_{s}	频率整定范围	Hz	最高和最低可调空载频率之间的范围(见图1): $$\Delta f_{\text{s}} = f_{i,\text{max}} - f_{i,\text{min}}$$
$\Delta f_{\text{s,do}}$	频率整定下降范围	Hz	标定空载频率和最低可调空载频率之间的范围(见图1): $$\Delta f_{\text{s,do}} = f_{i,\text{r}} - f_{i,\text{min}}$$
$\Delta f_{\text{s,up}}$	频率整定上升范围	Hz	最高可调空载频率和标定空载频率之间的范围(见图1): $$\Delta f_{\text{s,up}} = f_{i,\text{max}} - f_{i,\text{r}}$$
ΔU	稳态电压容差带	V	在突加/突减规定负载后的给定调节周期内,电压达到的围绕稳态电压的商定电压带。除另有规定外: $$\Delta U = 2\delta U_{\text{st}} \times \frac{U_{\text{r}}}{100}$$

表1(续)

符 号	术 语	单位	定 义
ΔU_s	电压整定范围	V	在空载与额定输出之间的所有负载、商定的功率因数范围内、额定频率下,发电机端子处电压调节的上升和下降的最大可能范围: $$\Delta U_s = \Delta U_{s,up} + \Delta U_{s,do}$$
$\Delta U_{s,do}$	电压整定下降范围	V	在空载与额定输出之间的所有负载、商定的功率因数范围内、额定频率下,发电机端子处额定电压与下降调节电压之间的范围: $$\Delta U_{s,do} = U_r - U_{s,do}$$
$\Delta U_{s,up}$	电压整定上升范围	V	在空载与额定输出之间的所有负载、商定的功率因数范围内、额定频率下,发电机端子处上升调节电压与额定电压之间的范围: $$\Delta U_{s,up} = U_{s,up} - U_r$$
$\Delta\delta f_{st}$	频率/功率特性偏差	%	在空载与标定功率之间的功率范围内,对线性频率/功率特性曲线的最大偏差,用额定频率的百分数表示(见图2): $$\Delta\delta f_{st} = \frac{\Delta f_e}{f_r} \times 100$$
—	频率/功率特性曲线	—	在空载和标定功率之间的功率范围内,对发电机组有功功率所绘出的关系曲线(见图2)
α_U	相对的稳态电压容差带	%	该容差带用额定电压的百分数表示: $$\alpha_U = \frac{\Delta U}{U_r} \times 100$$
α_f	相对的频率容差带	%	该容差带用额定频率的百分数表示: $$\alpha_f = \frac{\Delta f}{f_r} \times 100$$
β_f	稳态频率带	%	恒定功率时发电机组频率围绕平均值波动的包络线宽度 $\hat{f}$,用额定频率的百分数表示: $$\beta_f = \frac{\hat{f}}{f_r} \times 100$$ 注1:应指出 β_f 的最大值出现在20%标定功率和标定功率之间。 注2:对于功率低于20%者,稳态频率带可能显示出较高的值(见图3),但应允许同步

表1(续)

符号	术　语	单位	定　义
$\delta f_{\mathrm{d}}^{-}$	负载增加时(对初始频率)的瞬态频率偏差	%	在突加负载后的调速过程中,下冲频率与初始频率之间的瞬时频率偏差,用初始频率的百分数表示: $$\delta f_{\mathrm{d}}^{-}=\frac{f_{\mathrm{d,min}}-f_{\mathrm{arb}}}{f_{\mathrm{arb}}}\times 100$$ 注1:负载表示负载增加后的下冲,正号表示负载减少后的上冲。 注2:瞬态频率偏差应在用户允许的频率容差内,且应专门说明
$\delta f_{\mathrm{d}}^{+}$	负载减少时(对初始频率)的瞬态频率偏差	%	在突减负载后的调速过程中,上冲频率与初始频率之间的瞬时频率偏差,用初始频率的百分数表示: $$\delta f_{\mathrm{d}}^{+}=\frac{f_{\mathrm{d,max}}-f_{\mathrm{arb}}}{f_{\mathrm{arb}}}\times 100$$ 注1:负号表示负载增加后的下冲,正号表示负载减少后的上冲。 注2:瞬态频率偏差应在用户允许的频率容差内,且应专门说明
$\delta f_{\mathrm{dyn}}^{-}$	负载增加时(对额定频率)瞬态频率偏差	%	在突加负载后的调速过程中,下冲频率与初始频率之间的瞬时频率偏差,用额定频率的百分数表示: $$\delta f_{\mathrm{dyn}}^{-}=\frac{f_{\mathrm{d,min}}-f_{\mathrm{arb}}}{f_{\mathrm{r}}}\times 100$$ 注1:负号表示负载增加后的下冲,正号表示负载减少后的上冲。 注2:瞬态频率偏差应在用户允许的频率容差内,且应专门说明
$\delta f_{\mathrm{dyn}}^{+}$	负载减少时(对额定频率)瞬态频率偏差	%	在突减负载后的调速过程中,上冲频率与初始频率之间的瞬时频率偏差,用额定频率的百分数表示: $$\delta f_{\mathrm{dyn}}^{+}=\frac{f_{\mathrm{d,max}}-f_{\mathrm{arb}}}{f_{\mathrm{r}}}\times 100$$ 注1:负号表示负载增加后的下冲,正号表示负载减少后的上冲。 注2:瞬态频率偏差应在用户允许的频率容差内,且应专门说明

表1(续)

符号	术 语	单位	定 义
δU_{dyn}^{-}	负载增加时的瞬态电压偏差	%	负载增加时的瞬态电压偏差是指:发电机在正常励磁条件下以额定频率和额定电压工作,接通额定负载后的电压降,用额定电压的百分数表示: $$\delta U_{dyn}^{-}=\frac{U_{dyn,min}-U_r}{U_r}\times100$$ 注1:负号表示负载增加后的下冲,正号表示负载减少后的上冲。 注2:瞬态电压偏差应在用户允许的电压容差内,且应专门说明
δU_{dyn}^{+}	负载减少时的瞬态电压偏差	%	负载减少时的瞬态电压偏差是指:发电机在正常励磁条件下以额定频率和额定电压工作,突然卸去额定负载后的电压上升,用额定电压的百分数表示: $$\delta U_{dyn}^{+}=\frac{U_{dyn,max}-U_r}{U_r}\times100$$ 注1:负号表示负载增加后的下冲,正号表示负载减少后的上冲。 注2:瞬态电压偏差应在用户允许的电压容差内,且应专门说明
δf_s	相对的频率整定范围	%	用额定频率的百分数表示的频率整定范围: $$\delta f_s=\frac{f_{i,max}-f_{i,min}}{f_r}\times100$$
$\delta f_{s,do}$	相对的频率整定下降范围	%	用额定频率的百分数表示的频率整定下降范围: $$\delta f_{s,do}=\frac{f_{i,r}-f_{i,min}}{f_r}\times100$$
$\delta f_{s,up}$	相对的频率整定上升范围	%	用额定频率的百分数表示的频率整定上升范围: $$\delta f_{s,up}=\frac{f_{i,max}-f_{i,r}}{f_r}\times100$$
δf_{st}	频率降	%	整定频率不变时,额定空载频率与标定功率时的额定频率之差,用额定频率的百分数表示(见图1): $$\delta f_{st}=\frac{f_{i,r}-f_r}{f_r}\times100$$

表 1(续)

符号	术　语	单位	定　　义
δ_{QCC}	交轴电流补偿电压降程度	—	—
δ_s	循环不均匀度	—	—
$\delta f_{\lim}$	过频率整定比	%	过频率限制装置的整定频率与额定频率之差除以额定频率,用百分数表示: $$\delta f_{\lim}=\frac{f_{ds}-f_r}{f_r}\times 100$$
δU_{st}	稳态电压偏差	%	考虑到温升的影响,在空载与额定输出之间的所有功率、额定频率及规定功率因数的稳态条件下,相对于整定电压的最大偏差,用额定电压的百分数表示: $$\delta U_{st}=\pm\frac{U_{st,max}-U_{st,min}}{2U_r}\times 100$$
δU_s	相对的电压整定范围	%	用额定电压的百分数表示的电压整定范围: $$\delta U_s=\frac{\Delta U_{s,up}+\Delta U_{s,do}}{U_r}\times 100$$
$\delta U_{s,do}$	相对的电压整定下降范围	%	用额定电压的百分数表示的电压整定下降范围: $$\delta U_{s,do}=\frac{U_r-U_{s,do}}{U_r}\times 100$$
$\delta U_{s,up}$	相对的电压整定上升范围	%	用额定电压的百分数表示的电压整定上升范围: $$\delta U_{s,up}=\frac{U_{s,up}-U_r}{U_r}\times 100$$
$\delta U_{2.0}$	电压不平衡度	%	空载下的负序或零序电压分量对正序电压分量的比值。电压不平衡度用额定电压的百分数表示

a 对于给定的发电机组,其工作频率取决于发电机组的总惯量和过频率保护系统的设计。

b 频率限值(见 GB/T 2820.2—2009 中图 3)是指发电机组的发动机和发电机能够承受而无损坏风险的计算频率。

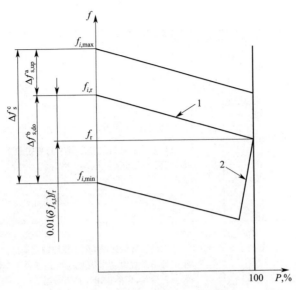

图 1 频率/功率特性，频率整定范围

P—功率；f—频率；1—频率/功率特性曲线；2—功率限值（考虑 a.c. 发电机效率的条件下，发电机组的功率极限取决于 RIC 发动机的功率极限，例如限油功率）；[a] 上升频率整定范围；[b] 下降频率整定范围；[c] 频率整定范围。

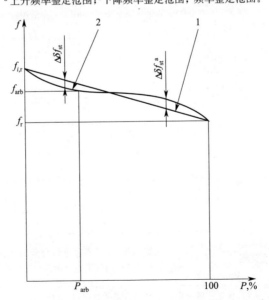

图 2 频率/功率特性，对线性曲线的偏差

P—功率；f—频率；1—线性频率/功率特性曲线；2—频率/功率特性曲线；[a] 频率/功率特性偏差。

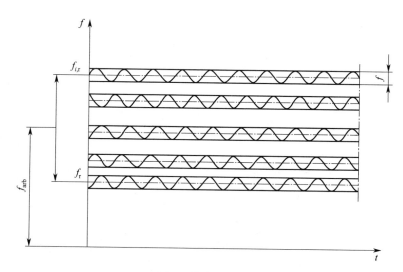

图 3　稳态频率带

t—时间；f—频率。

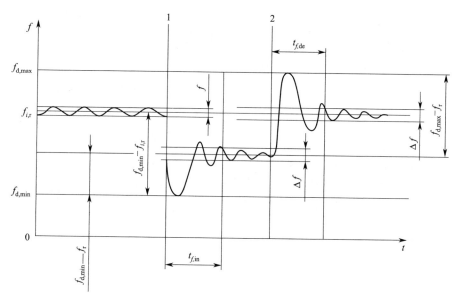

图 4　动态频率特性

t—时间；f—频率；1—功率增加；2—功率减少。

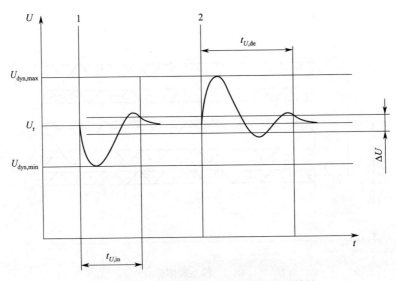

图5 无交轴电流补偿电压降的瞬态电压特性

t—时间；U—电压；1—功率增加；2—功率减少。

9.4 负载接受

鉴于不可能量化发电机组响应动态负载的所有影响因素，应以允许的频率降为基础给出施加负载的推荐指导值。平均有效压力 p_{me} 较高，通常需要分级加载。图6和图7给出了按标定功率时的 p_{me} 分级突加负载的指导值。因此，用户应规定由发电机组制造商考虑的任何特殊负载类型或任何负载接受特性。

施加相邻负载级之间的时间间隔取决于：

a) 往复式内燃（RIC）机的排量；

b) 往复式内燃（RIC）机的平均有效压力；

c) 往复式内燃（RIC）机的涡轮增压系统；

d) 往复式内燃（RIC）机调速器的种类；

e) 电压调节器的特性；

f) 整台发电机组的转动惯量。

必要时，这些时间间隔应由发电机组制造商同用户商定。

确定所需最小转动惯量的准则有：

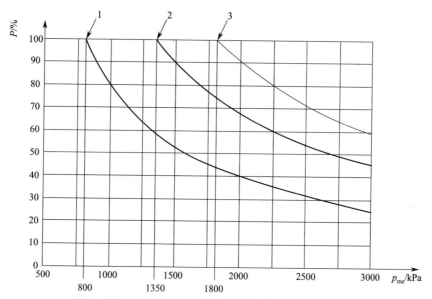

图 6　作为标定功率下平均有效压力 p_{me} 函数的最大可
能突加功率的指导值（4 冲程发动机）

p_{me}—标定功率平均有效压力；P—现场条件下相对于标定功率的功率增加；

1—第 1 功率级；2—第 2 功率级；3—第 3 功率级。

注：这些曲线仅作为典型示例提供。为了做出决定，应考虑
所用发动机的实际功率接受特性（见 GB/T 6072.4—2000）

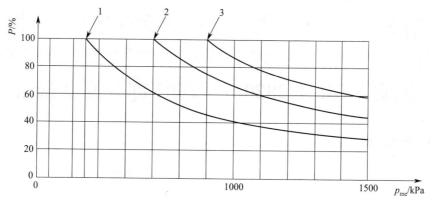

图 7　作为标定功率下平均有效压力 p_{me} 的函数的最大可
能突加功率的指导值（2 冲程高速发动机）

p_{me}—标定功率平均有效压力；P—现场条件下相对于标定功率的功率增加；

1—第 1 功率级；2—第 2 功率级；3—第 3 功率级。

注：这些曲线仅作为典型示例提供。为了做出决定，应考虑
所用发动机的实际功率接受特性（见 GB/T 6072.4—2000）

a) 允许的频率降；

b) 循环不均匀度；

c) 适用时，并联运行的特性。

10 循环不均匀度

循环不均匀度 δ_s 是由原动机的不均匀转动导致转速的周期波动。它是在任何恒定负载下发电机轴的最高和最低角速度之差与平均角速度之比。在单机运行的情况下，循环不均匀度对发电机电压产生相应的调制作用，因此可通过测量所发出的电压的变化确定：

$$\delta_s = \frac{\hat{U}_{max,s} - \hat{U}_{min,s}}{\hat{U}_{mean,s}}$$

注1： 通过在内燃机和发电机之间安装弹性联轴器和/或变更转动惯量，可以改变与内燃机循环不均匀度测量值有关的发电机转速的循环不均匀度。

注2： 为了避免发动机扭矩的不规则性与机组机电频率之间的振荡，应特别关注同低速（100r/min～180r/min）压缩点火（柴油）发电机组的并联运行（见 GB/T 2820.3—2009 第11章）。

第5章 《往复式内燃机驱动的交流发电机组 第7部分：用于技术条件和设计的技术说明》GB/T 2820.7—2002 部分原文摘录

4 技术说明

为了得出满意的电站方案，客户/用户应对发电机组制造商提出有关要求和参数。最为重要的要求和参数的具体条款列于 4.1～4.19。

注： 如果用户没有具体的说明，则制造商的说明应作为这些要求和参数的基础。

必须对用户或客户与制造商的说明作出区别：

——发电机组的客户或用户必须给出的说明（在 4.1～4.19 的用户栏用"×"表示）。

——发电机组的制造商必须给出的说明（在 4.1～4.19 的制造商栏用"×"表示）。

——制造商与用户或客户应当协商的说明（在 4.1～4.19 的制造商和用户栏都有"×"）。

条号	项目	条款	引用标准及章条号	用户	制造商
4.1	基本数据	要求的功率		×	
		功率因数		×	
		额定频率		×	
		额定电压		×	
		系统接地类型	IEC 60364-4-41	×	
		电负载的连接方式	GB/T 2820.5 中 9.1	×	
		要求的稳态频率和电压特性	GB/T 2820.5 中 5.1，7.1	×	×
		要求的瞬态频率和电压特性	GB/T 2820.5 中 5.3，7.3	×	
		可用燃油类型	GB/T 2820.2 中 12	×	
		启动	GB/T 2820.5 中 15.1 GB/T 2820.7 中 C3.11	×	×
		冷却和房间通风	GB/T 2820.5 中 15.6	×	×
4.2	发动机	转速	GB/T 2820.2 中 6.2	×	×
		燃油条件	GB/T 2820.2 中 12	×	×
		调速器类型和性能	GB/T 2820.2 中 6.6		×
		发动机冷却方式	GB/T 2820.2 中 12	×	×
		要求在不加油情况下的工作时间	GB/T 2820.5 中 15.3	×	
		要求的发动机的检测仪表	GB/T 2820.4 中 7.4	×	×
		要求的保护系统	GB/T 2820.4 中 7.3	×	×
		燃油消耗	GB/T 2820.1 中 14.5		×
		启动系统及能力	GB/T 2820.2 中 11 GB/T 2820.7 中 C1.10	×	×
		热平衡	GB/T 2820.2 中 9		×
		空气消耗			×

条号	项目	条款	引用标准及章条号	用户	制造商
4.3	发电机	励磁及电压调节的类型和性质	GB/T 2820.1 中 14.7.2 GB/T 2820.3 中 8.12	×	×
		要求的机械防护	GB/T 4942.1	×	×
		要求的电气防护	GB/T 2820.4 中 7.2	×	×
		发电机的冷却方式	GB/T 1993	×	×
		热平衡	GB/T 5321		×
		不对称负载(不平衡负载电流)	GB/T 2820.3 中 10.1	×	
		结构及安装	GB/T 997		×
		无线电干扰抑制级别	GB/T 2820.3 中 10.5	×	×
4.4	运行方式	连续运行	GB/T 2820.1 中 6.1	×	
		限时运行(应急发电机组及 高负荷备用发电机组)		×	
		每年预期运行时数		×	
4.5	标定功率 类别	持续功率	GB/T 2820.1 中 13.3		×
		基本功率			×
		限时运行功率			×
4.6	使用场所	陆用	GB/T 2820.1 中 6.2.1	×	
		船用	GB/T 2820.1 中 6.2.2,11.5	×	
4.7	性能类别		GB/T 2820.1 中 7	×	
4.8	单机运行 和 并联运行	与其他发电机组并联运行	GB/T 2820.1 中 6.3	×	
		与电网并联运行		×	
		整步的类型与实施		×	×
4.9	启动和 控制方式	手动	GB/T 2820.1 中 6.4 GB/T 2820.4 中 6	×	
		自动		×	
		半自动		×	
		发电机组制造商推荐 的附加控制装置			×
4.10	启动时间	不规定启动时间的发电机组	GB/T 2820.1 中 6.5	×	
		长时间断电发电机组		×	
		短时间断电发电机组		×	
		不断电发电机组		×	

条号	项目	条款	引用标准及章条号	用户	制造商
4.11	安装特点	安装型式 ——固定式 ——可运载式 ——移动式	GB/T 2820.1 中 8.1	×	
		安装型式 底架式 ——罩壳式 ——挂车式	GB/T 2820.1 中 8.2	×	
		装配型式	GB/T 2820.1 中 8.3	×	×
		天气影响 ——室内 ——室外 ——露天	GB/T 2820.1 中 8.5	×	×
4.12	使用地点 环境条件	环境温度	GB/T 2820.1 中 11	×	
		海拔高度		×	
		湿度		×	
		沙尘		×	
		船用		×	
		冲击和振动		×	
		化学污染		×	
		辐射类型		×	
		冷却水/液		×	
4.13	排放 （辐射）	噪声限值	GB/T 2820.1 中 9	×	
		废气排放限值		×	
		振动		×	×
		国家法律、法规		×	
4.14	试验方法	标准	GB/T 2820.6 中 4	×	×
		特殊要求		×	
4.15	维修间隔	日常维修（如更换机油）	GB/T 2820.1 中 13.3	×	×
		机械维修（如过滤器）			×
		电气维修（如控制装置）			×
		全面检查主要件的维修寿命			×

条号	项目	条款	引用标准及章条号	用户	制造商
4.16	辅助装置	辅助装置的功率消耗(如风扇和压缩机)			×
		预热			×
		预润滑			×
		辅助装置和启动蓄电池			×
4.17	控制装置和开关装置	额定电流容量	GB/T 2820.4 中 4.5	×	×
		中性接地方案	GB/T 2820.4 中 7.2.7	×	
		故障电流定额	GB/T 2820.4 中 5.2	×	×
		保护装置的性质	GB/T 2820.4 中 7.2	×	×
		名义工作电压和控制线路电压	GB/T 2820.4 中 4.6	×	×
		要求的电气仪表	GB/T 2820.4 中 7.1	×	×
4.18	影响发电机组性能的因素	影响功率	GB/T 2820.5 中 9.1 GB/T 2820.1 中 14.2	×	
		影响频率和电压	GB/T2820.5 中 9.2 GB/T2820.1 中 14.2	×	
4.19	其他规定和要求		GB/T 2820.7 中 3	×	

第4篇 产品介绍及价格估算

第1章 帕金斯柴油发电机组

帕金斯（Perkins）公司是世界最早生产发动机的公司之一。

1.1 公司简介

帕金斯柴油发电机组介绍（劳斯莱斯柴油发电机组）创建于 1932 年，年产量近 40 万台。所生产的以柴油和天然气作为燃料的发动机因其经济性、可靠性和耐久性的优点在各行业当中得到广泛的推广和应用。作为世界 A 级认证企业，帕金斯柴油发电机组已真正走向国际化，如今帕金斯已在 13 个国家设有生产部门，并形成了由 4000 多处分销点和服务中心组成的全球服务网络。在发电领域，涵盖 7~1811kW 的柴油发电机组都具有卓越的性能、可靠性、耐用性等优点。

1998 年，帕金斯公司被美车克莱斯勒公司控股，成为卡特集团成员。帕金斯公司较晚进入中国发电机市场，但进入中国市场后以非常快的速度为广大客户所接受，并迅速占领一部分市场份额，在发电机组市场取得了令人瞩目的成就。

特点：产品规格全，品种多；结构较紧凑；性能稳定可靠；一般维护保养易行，操作使用技术渐为中国客户熟悉；达到欧Ⅲ环保排放标准，废气排放污染低。

1.2 技术参数

1. 帕金斯柴油发电机组电压调节率，频率调节率。下列情况电压调节率均在 +0.5 以内：从空载到满载之间，频率同步，功率因数在 0.8~0.1 之间；随机频率波动率，从空载到满载之间；以任意稳定负载工况运行；帕金斯柴油发电机组最大值为从冷机到热机 +0.25%；转速下跌不超过 4.5%。

2. 帕金斯柴油发电机组电压波形，机组工艺。电路开路，最大总波形畸变为 1.5％；特制焊接底盘，内置减振垫，整体吊装吊攀；三相平衡负载，最大总波形畸变为 5％；标准配置底盘连续运行 8h 的油箱，双柔性胶燃油连接管，底盘油箱匹配液位表，排污堵塞。

3. 帕金斯柴油发电机组电话影响系数（TIF）。高级涂料涂层，耐磨耐刮，光亮持久，小于 50；随机一套安装手册，操作保养说明书，零件手册及电路图；电话谐波因数（THF）小于 2％，符合 BS4999 40 部分标准 ISO3046，ISO8528，BS4999，BS5514，BS5000PT99、AS1359；电磁影响 UTE5100，VDE0530；符合 BS800 标准，VDE 等级在 G 与 N之间。

1.3 性能

1.3.1 帕金斯发电机组电气性能

符合 GB 2820 及 ISO 8528/3 标准。并符合邮电系统 YD/T502 通信专用柴油发电机组的技术要求。

额定电压：400/230V；

接线方式：3 相 4 线；

频率：50Hz；

额定功率因数：0.8（滞后）；

抑制无线电干扰：符合 VDE0875-N 级及 GB2820 的规定。

1.3.2 帕金斯发电机组标准

符合 GB/T 2819，ISO 8528，IEC 34 等国际标准的规定；

发电机机组额定输出功率符合；

海拔高度不超过 1000m；

环境温度 0～40℃；

空气相对湿度 60％；

1.3.3 帕金斯发电机组交流发电机

励磁方式：无刷自励磁；

绝缘等级：H 级；

防护等级：IP21～IP23；

电压调节：自动调节。

1.3.4　帕金斯发电机组控制箱

有手动、自动、远程监控、全自动智能化等不同类型控制箱。基本配置有电压表、电流表、水温表、油压表、控制器、紧急停车按钮、预热按钮、电池电压表、时间表、相位选择开关等。

1.4　保养

冷却系统：新机组启动前要加注冷却液。加注时，应打开发动机上部冷却系统的放气阀门，缓慢地将冷却液从散热水箱的加水口加入到发动机中，直至没有气泡再从放气阀门中排出为止。冷却液应加注至散热水箱加水口颈部下方，不宜过满。加注完毕后，将放气阀门关闭，并将水滤器安装座上的截门打开，以便DCA4添加剂能够混合进入冷却系统中。冷却系统所用冷却液主要由纯净水、防冻液及DCA4添加剂3种成分构成，每升冷却液含50％的纯净水、50％的防冻液和0.5单位的DCA4添加剂。配好的冷却液一年四季均可使用，并且可以连续使用两年。

纯净水由于经过净化，可避免形成水垢。防冻液系指工业用的乙烯乙二醇或丙烯乙二醇，可以降低水的冰点及提高水的沸点。防冻液的浓度应为40％～68％，浓度过高或过低均会影响冷却液的防冻能力。在大多数气候条件下，推荐使用的防冻液浓度为50％，此时冷却液的冰点可达－33℃。DCA4添加剂可在水系统内表面形成一层保护膜，以防止缸套和机体产生穴蚀及阻止沉淀物堆积。

润滑系统：新机启动前应通过加油口加注机油。加注时发动机应置于水平位置并注意观察油位的变化。加完油要等一会儿再看油标尺上的油位，即等机油都流入油底壳后所看到的油位才是正确值。每个机油滤清器处都应加满清洁机油，然后才能装在发动机上。

选择机油时，一要选择合适的机油黏度，二要符合美国石油协会（AH）阶性能等级。帕金斯柴油发电机组要求使用多级黏度的机油，因为多级黏度的机油适合的工作温度范围较广且消耗率比单级黏度机油约低30％。机油的性能等级代表了机油添加剂的水平，对于重载荷的发动机，起保护作用的主要是机油中的添加剂，由于添加剂随着时间的延续会逐渐消耗，只有选用足够等级的机油，才能保证发动机在整个换油周期内都能得到可靠的保护。帕金斯公司推荐使用符合以下标准的机油：环境温度高于－5℃时，使用 15W-40CF4、CG4、CF4/SG，或 CG4/SH 级别的机油；环境温度低于－5℃时，使用 10W-30CF4、CG4、CF4/SG，或 CG4/SH 级机油。B 和 C 系列发动机必须使用 CF4/SG 或 CG4/SH 级的机油。

帕金斯公司推荐使用"蓝至尊"机油，这种品牌的机油其黏度指标为 15W-40、性能等级为 CG4/SH，适用剂配方是完全依照帕金斯公司发动机本独有的性能特点制定的，可以有效地延长发动机的换油周期、降低机油的消耗率。

1.5 柴油机省油小窍门

柴油净化：市面上买到的柴油，通常含有多种矿物质和杂质，如果不沉淀、过滤净化的话，会影响柱塞和喷油器工作，造成供油不均匀、雾化不良等现象，使发动机功率下降，油耗增加。因此，建议先将柴油静置一段时间，让杂质沉淀，加油时最好将漏斗加滤网过滤一下。更为值得注意的要是定期清洗或更换柴油滤清器，达到净化柴油的目的。

清除积炭：柴油机在工作中，有聚合物附着在气门、气门座、喷油嘴、增压器、中冷器和活塞顶部。这些积炭会增加油耗，因此要定期检查和保养柴油发电机组，应定期清除积炭。正常 6000h 要拆卸配气机构进行检查和保养。

保持水温：柴油机的冷却水温度过低，会使柴油燃烧不完全，影响功率的发挥，也浪费燃油。因此，要适当使用保温帘，注意冷却水最好用不含矿物质的软水，如流动的河水或纯净水等。

不要超负荷作业：柴油机超负荷作业时会冒黑烟，这是没有充分燃烧的燃油排放。只要柴油机常冒黑烟，就会使柴油发电机组油耗增大，还会缩短柴油机零部件的使用寿命。

帕金斯系列发电机组应用数据

机组型号	发动机参数(1500r/min)											发电机参数(400V;50Hz;0.8PF)					
	发动机型号(帕金斯)	最大功率(kW)	汽缸数(缸)	排量(L)	平均燃油耗(L/h)	冷却液容量(L)	润滑油容量(L)	风扇流量 m³/min	燃烧空气 m³/min	排气流量 m³/min	排气温度(℃)	发电机型号(斯坦福)	额定功率(kW)	效率(%)	励磁方式	防护等级	绝缘等级
KP120GF	1006TAG	141	6	6.0	28.5	37	19	154	11	31	595	UCI274E	112	91.5%	无刷励磁	IP23	H
KP160GF	1106C-E66TAG4	180	6	6.7	33.5	21	17	180	12	31	499	UCI274G	145	93.3%	无刷励磁	IP23	H
KP175GF	1306C-E87TAG3	205	6	8.7	45.2	37	26	375	14	37	524	UCI274H	160	93.0%	无刷励磁	IP23	H
KP200GF	1306C-E87TAG4	224	6	8.7	45.2	37	26	375	15	40	526	UCI274J	184	92.4%	无刷励磁	IP23	H
KP220GF	1306C-E87TAG6	246	6	8.7	46.6	37	26	375	16	45	526	UCD274K	200	92.7%	无刷励磁	IP23	H
KP300GF	2206A-E13TAG2	349	6	12.5	73	47	40	654	24	65	528	HCI444E	280	93.3%	无刷励磁	IP23	H
KP350GF	2206C-E13TAG3	412.5	6	12.5	85	51	40	654	26	72	630	HCI444F	320	93.4%	无刷励磁	IP23	H
KP400GF	2506C-E15TAG1	451	6	15.2	84.8	58	62	722	36	94	550	HCI544C	400	93.8%	无刷励磁	IP23	H
KP440GF	2506C-E15TAG2	495	6	15.2	93.2	58	62	722	37	98	550	HCI544C	400	93.8%	无刷励磁	IP23	H
KP550GF	2806A-E18TAG1A	592.7	6	18.1	114.1	61	62	702	36	104	571	HCI544FS	500	94.9%	无刷励磁	IP23	H
KP640GF	4006-23TAG2A	711	6	22.9	138.8	156	113	1200	71	180	430	LV634B	600	93.3%	PMG永磁	IP23	H
KP700GF	4006-23TAG3A	786	6	22.9	152.1	156	123	1200	73	193	500	LV634C	640	93.7%	PMG永磁	IP23	H
KP880GF	4008TAG2A	985	8	30.5	193.9	149	166	2000	64	200	465	LV634E	800	94.3%	PMG永磁	IP23	H
KP1100GF	4012-46TWG2A	1217	12	45.8	237.6	201	178	1456	109	180	422	LV634G	1000	94.9%	PMG永磁	IP23	H
KP1200GF	4012-46TWG3A	1314	12	45.8	258.6	201	178	1610	114	182	174	PI734B	1120	95.3%	PMG永磁	IP23	H
KP1300GF	4012-46TAG2A	1459	12	45.8	285.2	210	178	1825	120	280	425	PI734C	1240	95.4%	PMG永磁	IP23	H
KP1450GF	4012-46TAG3A	1643	12	45.8	313.7	210	178	1860	135	350	480	PI734D	1320	96.2%	PMG永磁	IP23	H
KP1600GF	4016TAG1A	1741	16	61.1	316.9	316	214	1920	135	356	500	PI734E	1500	95.8%	PMG永磁	IP23	H
KP1800GF	4016TAG2A	1937	16	61.1	380.2	316	214	1920	155	411	480	PI734F	1664	96.4%	PMG永磁	IP23	H
KP2000GF	4016-61TRG3A	2183	16	61.1	373	316	214	1920	160	490	475	MX-1800-4	1800	96.6%	PMG永磁	IP22	H

注：1. 带 * 的为可选项。
2. 随着产品的不断完善，以上数据可能会修改。

帕金斯系列发电机组（400V；50Hz；0.8PF）价格估算

机组型号	机组功率(kW)		机组容量(kVA)		发动机 帕金斯型号	发电机 斯坦福型号	发电机 *马拉松型号	散开式外形尺寸 长×宽×高(mm)	*静音箱外形尺寸 长×宽×高(mm)	净重(kg)	静音箱重(kg)	配马拉松机组结算价(元)
	备用	常用	备用	常用								
KP150	120	110	150	138	1006TAG	UCI274E	MP-120-4	2400×800×1280	3600×1300×1900	1300	2100	135304
KP200	160	145	200	182	1106C-E66TAG4	UCI274G	MP-160-4	2400×800×1350	3600×1300×1900	1600	2400	153673
KP219	175	160	219	200	1306C-E87TAG3	UCI274H	MP-160-4	2500×900×1600	4200×1400×2000	2000	2800	205413
KP250	200	180	250	225	1306C-E87TAG4	UCI274J	MP-180-4	2500×900×1600	4200×1400×2000	2000	2800	214760
KP275	220	200	275	250	1306C-E87TAG6	UCI274K	MP-200-4	2500×900×1600	4200×1400×2000	2000	2800	229541
KP388	310	280	388	350	2206A-E13TAG2	HCI444E	MP-280-4	3400×1120×1950	4200×1400×2000	2800	3600	312052
KP438	350	320	438	400	2206A-E13TAG3	HCI444F	MP-320-4	3400×1120×1950	4200×1400×2000	3000	3800	327626
KP500	400	360	500	450	2506A-E15TAG1	HCI544C	MP-400-4A	3500×1120×1950	5320×1800×2530	3500	5000	381459
KP550	440	400	550	500	2506A-E15TAG2	HCI544C	MP-400-4A	3500×1120×1950	5320×1800×2530	3500	5000	402389
KP688	550	500	688	625	2806A-E18TAG1A	HCI544FS	MX-500-4	3500×1550×2020	5320×1800×2530	4500	6000	528580
KP800	640	580	800	725	4006-23TAG2A	LV634B	MX-600-4	4000×1650×2100		6000	—	820768
KP875	700	640	875	800	4006-23TAG3A	LV634C	MX-630-4	4000×1650×2100		6000	—	857844
KP1100	880	800	1100	1000	4008TAG2A	LV634E	MX-850-4	4800×2050×2330		8000	—	1062035
KP1375	1100	1000	1375	1250	4012-46TWG2A	LV634G	MX-1030-4	4900×1800×2400		10100	—	1566786
KP1500	1200	1100	1500	1375	4012-46TWG3A	PI734B	MX-1240-4	4900×1800×2400		10300	—	1723813
KP1625	1300	1180	1625	1475	4012-46TAG2A	PI734C	MX-1240-4	4900×1800×2400		10600	—	1738828
KP1813	1450	1320	1813	1650	4012-46TAG3A	PI734D	MX-1350-4	5000×1800×2400		10600	—	1876433
KP2000	1600	1450	2000	1813	4016TAG1A	PI734E	MX-1540-4	5800×2880×3500		14000	—	2537925
KP2250	1800	1630	2250	2038	4016TAG2A	PI734F	MX-1800-4	5900×2880×3500		14500	—	2696109
KP2500	2000	1800	2500	2250	4016-61TRG3A	—	MX-1800-4	5900×2880×3501		15000	—	2914691

第 2 章　康明斯柴油发电机组

康明斯柴油发电机组是一种小型发电设备，是指以柴油等为燃料，以柴油机为原动机带动发电机发电的动力机械。而康明斯柴油发电机组是指柴油机是采用全球领先的动力设备制造商康明斯公司制造的康明斯柴油机。

2.1　康明斯简介

康明斯公司（NYSE：CMI）成立于 1919 年，总部设在美国印第安纳州哥伦布市。康明斯是全球领先的动力设备制造商，设计、制造和分销包括燃油系统、控制系统、进气处理、滤清系统、尾气处理系统和电力系统在内的发动机及其相关技术，并提供相应的售后服务。

2.2　发电机

东康发电机：采用东风康明斯 B、C 系列发动机，技术先进，性能可靠，配无锡新时代斯坦福发电机，承受瞬间加载时电压、频率恢复迅速，加上独创设计的内置多级减振系统，能有效消除机组运行时的振动，使控制系统及电气元件受到更好的保护；在极为恶劣的环境下，也能提供非常可靠的电力。

重康 N 系发电机：采用重庆康明斯 N 系列发动机，高燃烧效率及低燃油消耗，持续运行时间长。配康明斯发电机技术公司生产的斯坦福品牌发电机，承受瞬间加载时电压、频率恢复迅速。

重康 K 系发电机：采用重庆康明斯 K 系列发动机，独创设计的内置多级减振系统，能有效消除机组运行时的振动，使控制系统及电气元件受到更好的保护；在极为恶劣的环境下，也能提供非常可靠的电力。

2.3　优点

1. 几台康明斯发电机组并机后就相当于一部大功率的发电机组向负载供电，可以根据负载的大小而决定开几台机组（发电机组在额定负载 75％的工况下耗油最低），从而达到节省柴油，降低发电机组成本的目的。特别是随着经济的不断发展，能源越来越紧张，节省柴油已经变得相当重要了。

2. 实现不间断电源，保障工厂正常生产，机组转换使用时，可先将备用发电机组开机，再停止原运行的发电机组，中途完全无须停电。

3. 多台康明斯发电机组并联运行，在负载突然增加时，电流冲击由多台发电机组平均分担，使每台发电机组受力减少，电压及频率稳定，可延长发电机组的使用寿命。

4. 康明斯在全球都很容易找到保修，而且零件数量小，可靠性高，维修相对方便。

2.4 性能

1. 机组技术性能：康明斯柴油发电机组形式：旋转磁场，单轴承，4极，无刷，防滴漏结构，绝缘等级H级，符合GB 766，BS 5000，IEC 34-1等级标准要求。发电机可在沙石盐、海水和化学腐蚀的环境中使用。

康明斯柴油发电机组相位方向：A（U）B（V）C（W）。

定子：斜槽结构，2/3节距绕组，可有效抑制中线电流及输出电压的波形畸变。

转子：装配前经过动平衡，并通过柔性驱动盘直接与发动机连接。完善的阻尼器绕组减少并联时的振荡。

冷却：直接驱动康明斯柴油发电机组离心式风机。

2. 机组基本特性：发电机低电抗设计使非线性负载下的波形失真极小，并有良好的带电动机起动性能。

符合标准：ISO 8528、ISO 3046、BS 5514、GB/T 2820。

常用功率：指变动负载工况下的连续运行功率，每12h允许1h超载10%。

备用功率：指紧急状态时，变动负载工况下的连续运行功率。

标准电压为380VAC-440VAC，所有额定功率为40℃环境功率。

康明斯柴油发电机组绝缘等级为H级。

3. 性能特点：

（1）康明斯柴油发电机组基本设计特点：康明斯柴油发电机组缸体设计坚固耐用，振动小，噪声小；直列六缸四冲程，运转平稳，效率高；替换湿式气缸套，寿命长，维修方便；两缸一盖，每缸4气门，进气充分，强制水冷，热辐射小，性能卓越。

（2）康明斯柴油发电机组燃油系统：康明斯公司专利的 PT 燃油系统，具有独特的超速保护装置；低压输油管，管路少，故障率低，可靠性高；高压喷射，燃烧充分。装有燃油供油和回油单向阀，使用安全可靠。

（3）康明斯柴油发电机组进气系统：装有干式空气滤清器和空气阻力指示器，使用废气涡轮增压器，进气充分，性能有保证。

（4）康明斯柴油发电机组排气系统：使用脉冲干式排气管，可有效利用废气能量，充分发挥了发动机性能；机组内装有通径为 127mm 的排气弯管和排气波纹管，便于连接。

（5）康明斯柴油发电机组冷却系统：发动机内采用齿轮离心水泵强制水冷，大流量水道设计，冷却效果好，可有效减小热辐射和噪声。独特的旋转式水滤器，能防止锈蚀和腐蚀，控制酸度并去除杂质。

（6）康明斯柴油发电机组润滑系统：变流量机油泵，带主油道信号管，可根据主油道机油压力来调整泵油量，优化进入发动机的机油量；低机油压力（241～345kPa），以上措施能有效降低泵油功率损失，提高动力性，改善发动机的经济性。

（7）康明斯柴油发电机组动力输出：在减振器前可安装双槽动力输出的曲轴皮带轮，康明斯柴油发电机组前端装有多槽的附件驱动皮带轮，均可带各种前端动力输出装置。

2.5　保养

保养是降低使用成本的关键。一台柴油机需要按照保养表进行定期保养，以便保持有效运转。预防性保养是最容易、最经济的保养。它使保养部门可以在合适的时间进行工作。不同系列和型号的发动机，其保养的周期及内容略有不同，具体情况请参照发动机使用保养手册。下面以 N、K 系列发动机为例简要地介绍其保养周期和内容。

1. A 级保养检查（日检）

每天作出发动机工作日报，提供给保养部门。

（1）报告内容

1）机油压力是否低；

2）动力是否不足；

3）冷却水或机油温度是否反常；

4）发动机声音是否不正常；

5）是否冒烟；

6）冷却液、燃油或机油是否超耗；

7）冷却液、燃油或机油是否渗漏。

（2）检查发动机

1）检查发动机机油平面；

2）检查发动机冷却液平面。

（3）检查水泵皮带。

（4）检查船用齿轮箱。

（5）检查发动机是否有渗漏、碰伤、松动等情况。

2. A级保养检查（周检）

（1）每周重复每日的检查。

（2）检查空气滤清器和进气阻力：清洁或更换空气滤芯。

（3）放出储气筒的积水。

（4）从油箱中放出沉积物。

3. B级保养检查

周期：图表法或 250h、6 个月或行程里程数为 16000km。在每作一次 B级保养检查时，要完成全部的 A 级检查项目，再加上下列项目：

（1）更换发动机机油

1）启动发动机使之达到工作温度，然后停下发动机，放出机油；

2）装回放油螺塞；

3）检查机油尺使油面到达 "H" 标记处；

4）启动发动机，目检有无漏油现象；

5）停机 15min，检查机油平面。

（2）更换滤清器

1）全流式机油滤清器；

2）旁通式机油滤清器；

3）燃油滤清器。

（3）检查冷却液：检查发动机冷却液 DCA 浓度，需要时更换芯子及加入 DCA4 添加剂。

（4）检查机油平面。

（5）清洗或更换曲轴箱通风器、空气压缩机通风器。

（6）检查锌塞。

4. C 级保养检查

保养检查周期为 1500h、1 年或行驶里程数为 96000km。

在每作一次 C 级保养检查时，要完成全部的 A 级和 B 级检查项目，再加上调整喷油器行程和气门间隙。

（1）"冷调"：发动机应在要进行调整的环境温度下停机至少 4h，以达到一个稳定的温度；

（2）"热调"：发动机的机油温度在 99℃以上工况至少运行 10min，或在达到正常机油温度后，立即调整喷油器和气门。

康明斯发动机的喷油器行程和气门间隙的调整必须由受过专门训练的人员来完成。

5. D 级保养检查

保养检查周期 4500h、2 年或行驶里程数为 288000km。

在每作一次 D 级保养检查时，要完成全部的 A 级、B 级和 C 级检查项目，再加上下列项目：

（1）清洗并校准喷油器、燃油泵。

（2）检查、修理或更换增压器、减振器、空气压缩机。

（3）修理或更换风扇翼、水泵皮带张紧轮总成、水泵。

6. 季节性检查

（1）春季

1）用蒸汽清洗发动机；

2）紧安装螺栓；

3）检查曲轴轴向间隙；

4）每年或根据需要检查热交换器锌塞。

（2）秋季

1）清洁并冲洗冷却系统；

2）更换需要更换的软管；

3）清洁电器接头并检查蓄电池。

康明斯 B、C、L 系列发电机组参数

发动机参数(1500r/min)

机组型号	发动机型号(康明斯)	最大功率(kW)	汽缸数(缸)	排量(L)	平均燃油耗(L/h)	冷却液容量(L)	润滑油容量(L)	风扇流量(L/s)	燃烧空气(L/s)	排气流量(L/s)	排气温度(℃)
KD28	4B3.9-G2	27	4	3.9	5.2	16.9	10.9	1683	33	71	410
KD41	4BT3.9-G2	40	4	3.9	7.3	16.9	10.9	1683	45	108	487
KD69	4BTA3.9-G2	64	4	3.9	9.8	16.9	10.9	1683	57	155	485
KD105	6BT5.9-G2	106	6	5.9	17	24.6	16.4	2783	108	280	565
KD125	6BTA5.9-G2	116	6	5.9	20	28	16.4	2783	130	306	570
KD140	6BTAA5.9-G2	130	6	5.9	23	31	16.4	2783	145	324	492
KD200	6CTA8.3-G2	180	6	8.3	30	42	23.8	4583	178	450	563
KD220	6CTAA8.3-G2	203	6	8.3	34	42	23.8	4583	187	485	545
KD275	6LTAA8.9-G2	240	6	8.3	39	47	27.6	5750	220	572	470

发电机参数(400V;50Hz;COSΦ0.8)

发电机型号(斯坦福)	额定功率(kW)	(kVA)	效率(%)	励磁方式	防护等级	绝缘等级
PI144E	20	25	85.3	无刷励磁	IP23	H
PI144J	32	40	86.6	无刷励磁	IP23	H
UCI224F	58	73	89.9	无刷励磁	IP23	H
UCI274C	80	100	90.4	无刷励磁	IP23	H
UCI274D	96	120	90.6	无刷励磁	IP23	H
UCI274E	112	140	91.7	无刷励磁	IP23	H
UCI274G	145	181	92.7	无刷励磁	IP23	H
UCI274H	160	200	93.3	无刷励磁	IP23	H
UCD274K	200	250	92.7	无刷励磁	IP23	H

注:随着产品的不断完善,以上数据可能会修改。

康明斯 M、N 系列发电机组参数

发动机参数(1500r/min)

机组型号*	发动机型号(康明斯)	最大功率(kW)	汽缸数(缸)	排量(L)	平均燃油耗(L/h)	冷却液容量(L)	润滑油容量(L)	风扇流量(L/s)	燃烧空气(L/s)	排气流量(L/s)	排气温度(℃)
KC275	MTA11-G2A	257	6	11	42.0	51	38.6	8161	280	707	410
KC345	MTAA11-G3	310	6	11	44.9	51	38.6	9213	395	950	440
KC250	NT855-G	225	6	14	37.6	61	38.6	8161	301	680	448
KC275	NT855-GA	254	6	14	41.3	61	38.6	8161	306	690	469
KC295	NTA855-G1	264	6	14	45.2	61	38.6	8161	345	852	498
KC315	NTA855-G1A	291	6	14	46.1	61	38.6	8161	379	936	498
KC345	NTA855-G1B	321	6	14	54.3	61	38.6	9213	418	1090	499
KC345	NTA855-G2	321	6	14	54.3	61	38.6	9213	418	1119	499
KC390	NTA855-G2A	343	6	14	54.9	61	38.6	9213	431	1095	558
KC395	NTA855-G4	351	6	14	57.5	72	38.6	9213	434	1225	541
KC415	NTAA855-G7	377	6	14	64.7	72	38.6	10329	485	1237	497
KC440	NTAA855-G7A	406	6	14	67.8	72	38.6	10329	549	1240	473

发电机参数(400V;50Hz;COSΦ0.8)

发电机型号(斯坦福)	额定功率(kW)	(kVA)	效率(%)	励磁方式	防护等级	绝缘等级
UCD274K	200	250	92.7	无刷励磁	IP23	H
HCI444ES	260	325	93.3	无刷励磁	IP23	H
UCD274J	184	230	92.6	无刷励磁	IP23	H
UCD274K	200	250	92.7	无刷励磁	IP23	H
HCI444D	240	300	93.0	无刷励磁	IP23	H
HCI444D	240	300	93.0	无刷励磁	IP23	H
HCI444ES	260	325	93.3	无刷励磁	IP23	H

续表

发电机参数(400V;50Hz;COSΦ0.8)

发电机型号（斯坦福）	额定功率		效率（%）	励磁方式	防护等级	绝缘等级
	(kW)	(kVA)				
HCI444ES	260	325	93.3	无刷励磁	IP23	H
HCI444E	280	350	93.5	无刷励磁	IP23	H
HCI444E	280	350	93.5	无刷励磁	IP23	H
HCI444FS	304	380	93.4	无刷励磁	IP23	H
HCI444F	320	400	93.4	无刷励磁	IP23	H

注：1. 带＊的为可选项。
2. 随着产品的不断完善，以上数据可能会修改。

康明斯 K19 系列发电机组参数

发动机参数(1500r/min)

机组型号	发动机型号（康明斯）	最大功率	汽缸数	排量	平均燃油耗	冷却液容量	润滑油容量	风扇流量	燃烧空气	排气流量	排气温度
		(kW)	(缸)	(L)	(L/h)	(L)	(L)	(L/s)	(L/s)	(L/s)	(℃)
KC415	KTA19-G2	369	6	19	64	91	50	8180	446	1241	529
KC500	KTA19-G3	448	6	19	73	91	50	9800	533	1489	532
KC550	KTA19-G4	504	6	19	82	91	50	9800	579	1604	557
KC650	KTA19-G8	575	6	19	88.2	128	50	13889	732	1992	490
KC625	KTAA19-G5	555	6	19	91	128	50	13889	697	1855	532
KC650	KTAA19-G6	570	6	19	88.2	128	50	13889	732	1992	490
KC690	KTAA19-G6A	610	6	19	95.2	128	50	13889	750	2050	584
KC690	KTAA19-G7	610	6	19	95.2	128	50	13889	750	2050	580
KC725	QSK19-G3	634	6	19	109	128	84	13889	810	2090	515

续表

发电机参数（400V；50Hz；COSΦ0.8）

发电机型号（斯坦福）	额定功率		效率（%）	励磁方式	防护等级	绝缘等级
	（kW）	（kVA）				
HCI444FS	304	380	93.4	无刷励磁	IP23	H
HCI544C	400	500	93.8	无刷励磁	IP23	H
HCI544C	400	500	93.8	无刷励磁	IP23	H
HCI544E	488	610	94.9	无刷励磁	IP23	H
HCI544E	488	610	94.9	无刷励磁	IP23	H
HCI544E	488	610	94.9	无刷励磁	IP23	H
HCI544FS	500	625	95.0	无刷励磁	IP23	H
HCI544FS	500	625	95.0	无刷励磁	IP23	H
HCI544F	536	670	95.0	无刷励磁	IP23	H

注：随着产品的不断完善，以上数据可能会修改。

康明斯 K38、K50、Q60 系列发电机组参数

发动机参数（1500r/min）

机组型号	发动机型号（康明斯）	最大功率（kW）	汽缸数（缸）	排量（L）	平均燃油耗（L/h）	冷却液容量（L）	润滑油容量（L）	风扇流量（L/s）	燃烧空气（L/s）	排气流量（L/s）	排气温度（℃）
KC690	KT38-G	615	12	38	104	194	135	28877	873	2525	546
KC825	KTA38-G2	731	12	38	128	210	135	30425	920	2643	552
KC890	KTA38-G2B	789	12	38	135	210	135	30425	992	3018	506
KC1000	KTA38-G2A	895	12	38	147	210	135	30425	1126	3225	536
KC1100	KTA38-G5	970	12	38	161	210	135	30425	1213	3306	513
KC1250	KTA38-G9	1098	12	38	190	210	135	30425	1393	3540	529

续表

机组型号	发动机型号（康明斯）	最大功率（kW）	汽缸数（缸）	排量（L）	平均燃油耗（L/h）	冷却液容量（L）	润滑油容量（L）	风扇流量（L/s）	燃烧空气（L/s）	排气流量（L/s）	排气温度（℃）
KC1375	KTAA38-G9A	1195	12	38	207	210	135	30425	1550	4240	595
KC1375	KTA50-G3	1227	16	50	199	260	177	30425	1546	4309	583
KC1650	KTA50-G8	1429	16	50	222	280	204	30425	1655	4350	510
KC2060	QSK60-G3	1789	16	60	266	454	280	26400	2317	5333	477
KC2200	QSK60-G4	1915	16	60	296	454	280	26400	2400	5617	450

发电机参数（400V;50Hz;COSΦ0.8）

发电机型号（斯坦福）	额定功率（kW）	额定功率（kVA）	效率（%）	励磁方式	防护等级	绝缘等级
HCI544FS	500	625	95.0	无刷励磁	IP23	H
LV634B	600	750	93.3	PMG永磁	IP23	H
LV634C	640	800	93.6	PMG永磁	IP23	H
LV634D	728	910	93.5	PMG永磁	IP23	H
LV634E	800	1000	94.2	PMG永磁	IP23	H
LV6F	904	1130	94.7	PMG永磁	IP23	H
LV634G	1000	1250	94.9	PMG永磁	IP23	H
LV634G	1000	1250	94.9	PMG永磁	IP23	H
PI734C	1240	1550	95.4	PMG永磁	IP23	H
PI734E	1500	1875	95.8	PMG永磁	IP23	H
PI734F	1664	2080	96.0	PMG永磁	IP23	H

注：随着产品的不断完善，以上数据可能会修改。

康明斯B、C、L系列（400V；50Hz）发电机组价格估算

机组型号*	机组功率(kW) 备用	机组功率(kW) 常用	机组容量(kVA) 备用	机组容量(kVA) 常用	额定电流(A)	发动机 发动机型号	斯坦福型号	发电机 马拉松型号	发电机 英格型号	老组组型号*	配马拉松机组年结算价(元)
KD28	22	20	28	25	36	4B3.9-G2	PI144E	GM-20-4	EG160M-20N	KD22GF	45968
KD41	33	30	41	38	54	4BT3.9-G2	PI144J	GM-30-4	EG160L-32N	KD33GF	48152
KD69	55	50	69	63	90	4BTA3.9-G2	UCI224F	MP-50-4	EG225S-50N	KD55GF	57044
KD106	85	77	106	97	139	6BT5.9-G2	UCI274C	MP-75-4	EG225L-80N	KD85GF	67522
KD125	100	91	125	114	164	6BTA5.9-G2	UCI274D	MP-90-4	EG225L-90N	KD100GF	79989
KD138	110	100	138	125	180	6BTAA5.9-G2	UCI274E	MP-104-4	EG225L-100N	KD110GF	84201
KD200	160	145	200	182	262	6CTA8.3-G2	UCI274G	MP-160-4	EG280M-150N	KD160GF	111527
KD219	175	160	219	200	289	6CTAA8.3-G2	UCI274H	MP-160-4	EG280M-160N	KD175GF	134602
KD275-A	220	200	275	250	361	6LTAA8.9-G2	UCD274K	MP-200-4	EG280L-200N	KD220GF	152620
KC275-B	220	200	275	250	361	MTA11-G2A	UCD274K	MP-200-4	EG280L-200N	KC220GF	165737
KC344-A	275	250	344	313	451	MTAA11-G3	HCI444ES	MP-250-4	EG280L-250N	KC275GF	180973
KC250	200	180	250	225	325	NT855-G	UCI274J	MP-180-4	EG280L-180N	KC200GF	157274
KC275-C	220	200	275	250	361	NT855-GA	UCD274K	MP-200-4	EG280L-200N	KC220GF	160134
KC294	235	215	294	269	388	NTA855-G1	HCI444D	MP-220-4	EG280L-220N	KC235GF	173121
KC315	250	230	313	288	415	NTA855-G1A	HCI444D	MP-240-4	EG280L-230N	KC250GF	175253
KC344-B	275	250	344	313	451	NTA855-G1B	HCI444ES	MP-250-4	EG280L-250N	KC275GF	186602
KC344-C	275	250	344	313	451	NTA855-G2	HCI444ES	MP-250-4	EG280L-250N	KC275GF	215124
KC388	310	280	388	350	505	NTA855-G2A	HCI444E	MP-280-4	EG315M-280N	KC310GF	221546
KC394	315	285	394	356	514	NTA855-G4	HCI444E	MP-280-4	EG315M-280N	KC315GF	231465
KC413-A	330	300	413	375	541	NTAA855-G7	HCI444FS	MP-300-4	EG315M-300N	KC330GF	270517
KC438	350	320	438	400	577	NTAA855-G7A	HCI444F	MP-320-4	EG315M-320N	KC350GF	271882
KC413-B	330	300	413	375	541	KTA19-G2	HCI444FS	MP-300-4	EG315M-300N	KC330GF	304070

续表

机组型号*	机组功率(kW)		机组容量(kVA)		额定电流(A)	发动机	发电机			老机组型号*	配马拉松机组年结算价(元)
	备用	常用	备用	常用		发动机型号	斯坦福型号	马拉松型号	英格型号		
KC500	400	360	500	450	650	KTA19-G3	HCI544C	MP-360-4A	EG315L-360N	KC400GF	360646
KC550	440	400	550	500	722	KTA19-G4	HCI544C	MP-400-4A	EG315L-400N	KC440GF	379717
KC650-A	520	475	650	594	857	KTA19-G8	HCI544E	MP-480-4A	EG355L-500N	KC520GF	410514
KC625	500	450	625	563	812	KTAA19-G5	HCI544E	MP-480-4A	EG355M-450N	KC500GF	424125
KC650-B	520	470	650	588	848	KTAA19-G6	HCI544E	MP-480-4A	EG355L-500N	KC520GF	439270
KC688-A	550	500	688	625	902	KTAA19-G6A	HCI544FS	MP-500-4A	EG355L-500N	KC550GF	443300
KC688-B	550	500	688	625	902	KTAA19-G7	HCI544FS	MP-500-4A	EG355L-500N	KC550GF	477607
KC725	580	520	725	650	938	QSK19-G3	HCI544F	MX-560-4	EG355L-560N	KC580GF	596336
KC688-C	550	500	688	625	902	KT38-G	HCI544FS	MP-500-4A	EG355L-500N	KC550GF	640120
KC825	660	600	825	750	1083	KTA38-G2	LV634B	MX-600-4	EG355L-600N	KC660GF	705523
KC888	710	640	888	800	1155	KTA38-G2B	LV634C	MX-630-4	EG400S-640N	KC710GF	735982
KC1000	800	730	1000	913	1317	KTA38-G2A	LV634D	MX-750-4	EG400L-800N	KC800GF	790946
KC1100	880	800	1100	1000	1443	KTA38-G5	LV634E	MX-850-4	EG400L-800N	KC880GF	992940
KC1250	1000	900	1250	1125	1624	KTA38-G9	LV634F	MX-1030-4	EG400L-900N	KC1000GF	1065766
KC1375	1100	1000	1375	1250	1804	KTAA38-G9A	LV634G	MX-1030-4	EG400L-1000N	KC1100GF	1216397
KC1375	1100	1000	1375	1250	1804	KTA50-G3	LV634G	MX-1030-4	EG400L-1000N	KC1100GF	1444659.5
KC1650	1320	1200	1650	1500	2165	KTA50-G8	PI734C	MX-1240-4	EG450S-1200N	KC1320GF	1630926.1
KC1700	1360	1240	1700	1550	2237	KTA50-GS8	PI734C	MX-1240-4	EG450S-1200N		1647342.9
KC2063	1650	1500	2063	1875	2706	QSK60-G3	PI734E	MX-1540-4	EG500M-1600N	KC1650GF	2400000
KC2200	1760	1600	2200	2000	2887	QSK60-G4	PI734F	MX-1800-4	EG500M-1600N	KC1760GF	2800000

注: 1. 带*的为可选项。
2. 随着产品的不断完善，以上数据可能会修改。

第 3 章　三菱柴油发电机组

3.1　三菱公司简介

日本三菱重工株式会社成立于 1884 年，是全球 500 强企业之一，在通用机械类中名列第二。三菱重工从 1917 年开始研发、生产柴油发动机及发电机组，其主要部件的设计、制造和测试均由三菱重工业株式会社独家完成。三菱柴油发电机组能够在严峻的环境条件下耐久工作，耐久性及可靠性为业界公认，其结构紧凑、燃油消耗低、大修周期长。产品符合 ISO8528、IEC 国际标准及 J. I. S 日本工业标准。

3.2　三菱柴油发电机组

三菱系列柴油发电机组，功率范围 500～1600kW，采用国际著名的日本三菱重工株式会社的电站柴油机为动力，选配国内、外知名品牌发电机和控制器。其具有以下特点：工作可靠、耐久、经济性明显；机组可实现柴油机水温、油压、转速、电瓶电压、工作小时显示；发电机的电流、电压、频率、功率和功率因数的显示；对水温、油压、转速、电流、电压的报警；可进行手动和自动操作；RS 485 接口输出实现远程监控；满足 ISO 8528 和 GB 2820 标准要求。该产品性能可靠，品质优秀，可满足国内外中高端用户的需求。

3.3　三菱柴油发电机配置

日本三菱四冲程水冷柴油发动机；凯华同步无刷交流发电机；英国深海智慧型控制器；市电充电器；40℃环境度散热器；带底盘油箱的钢结构底座，内置减振器；发电机输出断路器；电池连接线、波纹管、弯头、消声器等；随机资料、专用工具；塑膜包装。

三菱系列发电机组（400V，50Hz）应用数据

发动机参数（1500r/min）

机组型号	发动机型号（三菱）	最大功率（kW）	汽缸数（缸）	排量（L）	平均燃油耗（L/h）	冷却液容量（L）	润滑油容量（L）	风扇流量（L/s）	燃烧空气（L/s）	排气流量（L/s）	排气温度（℃）
KM660	S6R-PTA	555	6	24.5	95	113	100	9700	750	1850	500
KM750	S6R2-PTA	635	6	30.0	104	118	100	12000	833	2083	500
KM825	S6R2-PTAA	710	6	30.0	128	118	92	12100	967	2550	520
KM850	S12A2-PTA	724	12	33.9	131	215	120	19000	1017	2567	490
KM1160	S12H-PTA	980	12	37.1	150	244	200	30000	1383	3350	500
KM1375	S12R-PTA	1190	12	49.0	200	335	180	30000	1617	3917	520
KM1500	S12R-PTA2	1285	12	49.0	211	335	180	32500	1831	4217	530
KM1650	S12R-PTAA2	1404	12	49.0	220	335	200	32000	1931	4517	525
KM1875	S16R-PTA	1590	16	65.4	233	350	230	34000	2117	5150	510
KM2060	S16R-PTA2	1760	16	65.4	314	445	230	34000	2433	5717	520
KM2250	S16R-PTAA2	1895	16	65.4	324	400	230	41667	2567	6233	520

发电机参数

发电机型号		励磁方式	防护等级	绝缘等级
*（斯坦福）	（马拉松）			
HCI544E	MP-480-4A	无刷自励	IP23	H
HCI544F	MX-560-4	无刷自励	IP23	H
LV634B	MX-600-4	永磁励磁	IP23	H
LV634C	MX-630-4	永磁励磁	IP23	H
LV634F	MX-850-4	永磁励磁	IP23	H
LV634G	MX-1030-4	永磁励磁	IP23	H

续表

| 发电机型号 | | 发电机参数 | | |
断进福	（马拉松）	励磁方式	防护等级	绝缘等级
PI734B	MX-1240-4	永磁励磁	IP23	H
PI734C	MX-1240-4	永磁励磁	IP23	H
PI734D	MX-1350-4	永磁励磁	IP23	H
PI734E	MX-1540-4	永磁励磁	IP23	H
PI734F	MX-1800-4	永磁励磁	IP23	H

注：1. 带 * 的为可选项。

2. 随着产品的不断完善，以上数据可能会修改。

三菱系列发电机组价格估算

机组型号	机组功率（kW）		机组容量（kVA）	
	备用	常用	备用	常用
KM663	530	480	663	600
KM750	600	540	750	675
KM825	660	600	825	750
KM850	680	620	850	775
KM1163	930	840	1163	1050
KM1375	1100	1000	1375	1250
KM1500	1200	1100	1500	1375
KM1650	1320	1200	1650	1500
KM1875	1500	1360	1875	1700
KM2063	1650	1500	2063	1875
KM2250	1800	1630	2250	2038

续表

发动机	发电机			敞开式外形尺寸	净重	配马拉松型号(元)
三菱型号	斯坦福型号	马拉松型号	英格型号	长×宽×高(mm)	(kg)	
S6R-PTA	HCI544E	MP-480-4-A	EG355L-500N	3598×1614×2226	5000	544375
S6R2-PTA	HCI544F	MX-560-4	EG355L-560N	3576×1614×2226	5100	596664
S6R2-PTAA	LV634B	MX-600-4	EG355L-600N	4023×1810×1953	5700	709102
S12A2-PTA	LV634C	MX-630-4	EG400S-640N	3996×1575×1959	6100	795845
S12H-PTA	LV634F	MX-850-4	EG400L-900N	4222×1756×2456	7800	1028903
S12R-PTA	LV634G	MX-1030-4	EG400L-1000N	4650×2100×2600	9100	1334172
S12R-PTAA2	PI734B	MX-1240-4	EG400L-1200N	4595×2156×2700	9600	1510188
S12R-PTAA2	PI734C	MX-1240-4	EG400L-1200N	4595×2350×2800	9800	1608869
S16R-PTA	PI734D	MX-1350-4	EG400L-1350N	5382×2486×2931	11700	1772700
S16R-PTA2	PI734E	MX-1540-4	EG500M-1600N	5382×2486×2931	12100	1973063
S16R-PTAA2	PI734F	MX-1800-4	EG500L-1800N	5875×2392×3453	14300	2234205